纺织服装高等教育“十三五”
部委级规划教材

女装设计与制作技术

单文霞　著◎

東華大學出版社·上海

内容简介

本书以图文结合、理论与实践结合的形式，全面介绍了女装的造型设计和制作工艺。全书共四章，分别为女装的造型设计、内外结构解析、女装的设计表现与制作技术，内容上采用层层推进的方式，着重介绍了女装的造型设计、制作工艺和细节处理技术，是一本内容详实、数据精确、操作简便而实用的专业书籍。

图书在版编目（CIP）数据

女装设计与制作技术 / 单文霞著. — 上海：东华大学出版社，2018.1

ISBN 978-7-5669-1183-4

Ⅰ. ①女… Ⅱ. ①单… Ⅲ. ①女服—服装设计 ②女服—服装缝制 Ⅳ. ①TS941.717

中国版本图书馆CIP数据核字（2016）第306964号

责任编辑 杜亚玲

封面设计 戚亮轩

女装设计与制作技术

NüZHUANG SHEJI Yü ZHIZUO JISHU

单文霞 著

出　　版：东华大学出版社（上海市延安西路1882号，200051）
网　　址：http：//www.dhupress.net
天猫旗舰店：http：//dhdx.tmall.com
营销中心：021-62193056　62373056　62379558
印　　刷：杭州富春电子印务有限公司
开　　本：889 mm × 1194 mm　1/16　印张：10.75
字　　数：370千字
版　　次：2018年1月第1版
印　　次：2018年1月第1次印刷
书　　号：ISBN 978-7-5669-1183-4
定　　价：55.00元

目 录

序　言

进入21世纪，得益于互联网高科技产业的迅猛发展，时尚资讯秒传全球各个角落，时尚行业得到飞速发展，品牌效应越来越明显，同时竞争也空前激烈，女装作为时尚业的一部分也不例外。为了在激烈的市场竞争中立于不败之地，从业人员迫切需要专业指导，单文霞副教授二十余年磨一剑的力作《女装设计与制作技术》实时面世，对我国女装行业可持续发展及在世界女装行业占有一席之地具有深远意义。

服装设计作为现代设计领域中的一个分支，是现代物质文明的产物，更是艺术与技术相结合的产物。英国皇家美术大学教授布鲁斯·阿彻尔认为："过去的设计者往往是依靠直观方法来进行设计的，现今以直观的方法为基础的设计领域依然存在。但现代设计技能是在完成复杂设计使命基础上的发挥与延展，它必然会多方面与相关学科发生联系，产生学科之间的交叉。"所以，服装设计必然会涉及众多的不同学科，各学科之间相互联系，相互交叉。当今的服装设计是以发现人类生活所需要的、最舒适的机能和效益，并使这些机能、效益具体化，从而达到协调环境的目的为主。换句话说，服装设计的真正使命是提高生存环境质量，满足人类新的需求，从而创造人类新的生活方式。

衣服是人类生活中非语言性的情报传达媒体，在衣、食、住这三大生活支柱中，衣服与人的日常生活关系极为密切。衣服既是人类为了生存而创造的物质条件，又是人类在社会性生存活动中所依赖的一种精神表现要素，这就使衣服具有来自生理方面要求的物质性和来自心理方面要求的精神性。由此可见，服装这门学问，既牵扯到自然科学，又牵扯到社会人文科学。自然科学把服装的物的属性作为主要研究对象，人文科学把社会人的衣生活作为主要研究对象，从而决定了

“服装学”这门横跨自然科学和社会人文科学的边缘学科，内容极其丰富。自从世界出现了几次工业革命以来，先进的基础科学的成就被广泛地应用于改善人类的生存条件，使现代服装的研究领域和知识结构更趋广泛和深入。

单文霞副教授所著《女装设计与制作技术》一书，系统比较了中西女装外部造型结构的差异，从外造型和内微结构设计阐述了时尚女装造型设计方法、表现技巧；从市场、品牌等方面深入浅出地论述了女装设计的定位、设计过程，用图文并茂的方式科学分析了了成衣女装、创意女装设计方法，为时尚女装设计提供借鉴。

本书不但是一本有关女装设计的艺术设计类书籍，更是一本关于女装制作技巧的技术类书籍，是艺术与技术的完美结合。本书中，采用图解的方式阐述了衬衫、裙子、礼服、高级成衣等女装的结构解析、款式分解、工艺解析和制作技术，是一本不可多得的有关女装设计与制作技术的工具书。

单文霞副教授从教二十多年，辛勤耕耘在高校的讲坛，主持了多项女装设计产学研项目，积累了丰富的教学与实践经验，这本书的出版正是其女装设计实践经验的总结，也将为女装设计与教学提供一本好的专业书籍。

吴志明
江南大学纺织服装学院教授
2017.10.25

第一章
女装设计

服装作为造型艺术的一个门类，有着自身的设计规律和服饰语言。它是以人作为造型的对象，以物质材料为主要表现手段的艺术形式。在设计过程中，设计师借助于丰富的想象力和创造性思维活动，以其独特的设计构想，通过集体与个别、一般与典型的表现形式，体现设计作品多种多样的可能性。设计师通过服装的造型来抒发内在的情感和独特的审美感受。服装设计不仅仅反映人和人体，更重要的是诠释人和人体。

造型是“骨架”，是服装款式的设计基础；色彩是“肌肤”，是视觉情感要素之一。形状，是眼睛所把握的物体特征之一，……对于物体的这些外部边界，感官可以毫不费力地把握到。今天，服装已呈现出多样化、个性化的倾向，丰富多彩的生活正在改变着人们的生活观念，通过系统的学习、有目的的实践操作和对已掌握信息的有效利用让服装设计变得更加容易和方便。就服装设计而言，设计的意识是很明确的：就是多种因素相互融合、沟通，以此产生出新的设计思想和设计理念。

服装的造型分为服装的外观造型和内部造型。外形亦作轮廓，是指物体的外缘线条或图形的外框，服装的外轮廓也即服装的外观造型剪影，是服装造型的根本。服装的内轮廓也即服装的内部造型，是服装外轮廓以内的零部件的边缘形状和内部结构的形状，它通过省道、拼接、缉线等变化方式来展现服装。总之，服装造型总体印象进入视觉的速度和强度是外观造型高于服装的内部造型。

第一节　女装的造型设计

一、女装的外观造型设计

感觉和知觉合称为感知。不同的人对感知表现出不同特点，有人长于视觉，有人长于听觉，因人而异。服饰作为非语言交流媒介，在人与人之间的交往中成为一种特殊的感知交流形式。观察者往往在看到人的第一眼时，把注意力都集中在着装者外形的整体上，接着才有下一步的观察。人们在注意服装的局部时，其余部分就变成了感知范围内的背景或外围。再当我们继续观察整个着装的形体结构时，其余各组合关系就显而易见了。因此，对于设计师来讲，服装设计主要是一种视觉造型活动，设计者在了解中外服饰造型之差异的基础上，要有良好的与之相关的感知思维能力、细致观察能力和设计创作能力。

1. 中西女装外观造型之差异

人类服装的历史，经历了一个曲折而漫长的演变过程。概括地讲，早期的中西方服装基本是沿着两条主线进化的：一条主线是以上层社会的宫廷服装为代表，其主要特征是为了显示着装者的官级、地位和权贵；另一条主线是以下层社会的民间服装为代表，其主要特征是以抵御寒暑的实用为主要目的，而且这种延续都是经由手工艺和个体作坊来完成的。但中西服饰结构形态是两种全然不同的结构形制，可以概括为：建立在“丝绸文明”唯物论基础上的“十字型、整一性、平面化”的古典华服和建立在“羊毛文明”基础上的“复杂型、分析性、立体化”的欧洲服饰。

中国传统服饰为平面直线裁剪，“十字型、整一性、平面化”这种原始朴素的结构面貌在中国几千年的服饰历史中贯穿始终，一直延续至民国初年。追溯到公元前11世纪，在《尚书·益稷篇》记载了十二章纹，十二章纹依次按官员的等级分别装饰于男女服饰上，形成中国服装史上有据可查的最早冕服制度，见图1-1-1所示（清）织金妆花缎女棉朝袍和图1-1-2所示（清）灵禽瑞兽对襟汉式女袷褂（图片来源：私人收藏）。从夏商时期的上衣下裳，到后来的深衣、襦裙、袍服、大袄等，十字型平面结构贯穿于我国上下五千年的各民族传统服饰中，而交领衽式是中国传统汉服的最根本形制之一，见图1-1-3所示清末寿字纹大褂和图1-1-4所示款式图（图片来源：中华民族服饰结构图考）。当然，风靡全球的旗袍理所当然也成了中国现代时尚女性的国服代表服饰之一。

图1–1–1

图1–1–2

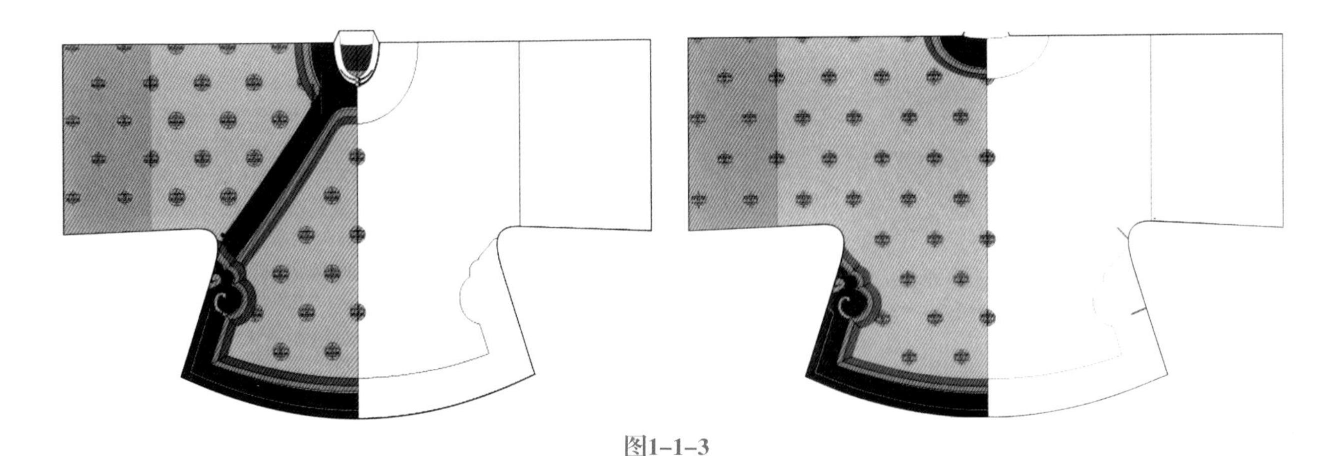

图1-1-3

	款式图（前）	款式图（后）	基本共同点
清末大襟女袄			以中轴为中心；左右对称的结构母型
阿昌族女装			

图1-1-4

以欧洲为代表的西方主流服装，倡导“真美合一”的人本主义服饰理念，服饰的结构形态追求分析的立体结构。例如古埃及、古希腊、古罗马时代的袈裟式服装，即用一块很大的布，不进行任何裁剪和缝制加工，直接包缠在身上，它是一种穿着自由、形态多样、不受拘束的缠挂形式，现代印度妇女穿用的纱丽和佛教僧人的衣服都属于这种类型。起源古埃及的贯头式，即为套头式，最初是用两倍人体的布，居中剪个洞，在左右上部留出伸臂的部位，这也是现代衣服的雏形，现代中东和阿拉伯地区人们所穿的大袍也是沿袭了这种形式。

例如时尚史上唯一一件永恒之裙——特尔斐褶裥裙（The Delphos dress），这款裙子就像一缕带褶皱的丝绸，可以被扭成一绞羊毛那样，再放进小盒子里，见图1-1-5所示特尔斐褶裥裙（图片来源：奥地利《时尚》）。其造型就像古希腊的长袍，肩膀处既无接缝和衬垫，也无褶皱，整条裙子直接垂落至地。它给每位想要扔掉紧身胸衣的女性梦寐以求的自由和便利。很多的知名设计师，像保罗·波烈、玛丽·麦克法登（Mary McFadden）、三宅一生（Issey Miyake）等都从马瑞阿诺·佛坦尼（Mariano Fortuny y Madrazo）的天才之举中找到设计灵感，见图1-1-6和图1-1-7所示风靡全球的时尚褶皱系列（图片来源：英·Art wear：Fashion and Anti-fashion）。

第二次世界大战刚刚结束的巴黎，当时名不见经传的设计师克里斯汀·迪奥（Christian Dior）发布了他的第"新风貌"（New Look）服装系列，它旋风般地震撼了巴黎和欧美等地区，成为该世纪最轰动的时装变革，见图1-1-8所示迪奥的"新风貌"造型（图片来源：奥地利《时尚》）。迪奥的这款曲线优美的自然肩形、丰胸细腰圆臀的"新风貌"改变了女性穿着笨拙而呆板的军事化风格的平肩裙装造型。自此，迪奥成为二战后10年时尚界的领袖。这段"巴黎时装"将强烈的外造型线变化信息传递给了人们，它在当时成了决定设计成败的关键所在。在西方服装史和现代时装的文献研究中，就不难理解服装造型线的刚柔曲直无不体现时代风貌和流行趋势。

图1-1-6

图1-1-7

图1-1-5

图1-1-8

2. 女装的外观造型设计

女装的外观造型是指服装整体轮廓的外部形状，如用锥形的三角形、圆筒的长方形等构成的这些外形就是物体的外形轮廓（Silhouette），即剪影、轮廓之意。在服装设计的活动中，外观作为一种单纯而又理性的轨迹是人类创造性思维的结果。外形线不仅仅作为单纯的造型手段，在实现服装外形的变化中，它还包蕴了丰富的社会内容，迪奥以"新风貌"为战后带回了女性的柔美和奢华就是最典型的例子。女装的轮廓是服装立体造型的平面示意图，它反映了服装款式造型的外部特征。通俗地说，女装的外形变化对服装款式变化起着重要的作用，实质上服装款式的流行也是以服装外型特征为内容依据的综合设计。由此可见，把握外形特征是造型设计的关键，见图1–1–9所示服饰的外形轮廓设计（图片来源：法·*Impressions de Mode*）。

2.1　女装的外部轮廓造型分类

女装的外部轮廓造型是时装流行变化的重要特征之一。美国著名理论学家曾对西方所有的服装以外轮廓来进行归结，分为三个基本形：钟形、直线形和背垫式撑裙形；而日本设计家直接将服装归纳为直线形和曲线形两大类。在近150年的欧洲服饰史中，女装外轮廓造型的变化如20世纪20年代的直筒形、50年代的A字型，70年代的喇叭裤等，可知不同的服装外部轮廓造型不仅可以分辨服饰时尚的演绎过程，更能从侧面反映出人类社会精神文明、文化艺术、经济发展的进程。

图1-1-9

至克里斯汀·迪奥"莱茵花冠"(新风貌)系列时装发布，轰动整个巴黎后，一夜之间使他成为时尚界无人能及的时装设计之王，以至于之后很长一段时期时装发布会都以服装的外形线来命名。例如充满朝气的具有饱满柔美曲线的"郁金香线型"(Tulip Line，1953年)；宽松、舒适、简约的"H型线"(H Line，1954年)；窄肩、放宽裙摆的"A型线"(A Line1，1955年)；以及上宽下窄 的"Y型线"(Y Line，1955年)。此后，女装的外造型分类方法之一就是以H、A、T、X等造型分类。

H型外观造型的服饰特点：肩、腰至臀的纬度上宽窄基本一致，外观廓型的线条以直线居多且简洁。H型外观造型首先在第一次世界大战后的1925年流行过，在1957年又一次由法国设计家巴隆夏卡(Cristobal Balenciaga)推出，被称为"布袋形"的样式，在1958年风靡世界。这种造型的服饰具有细长、简单的特点，见图1-1-10和图1-1-11所示直身连衣裙(图片来源：奥地利《时尚》)。

图1-1-10

A型外观造型的服饰特点：肩或腰收紧，裙摆宽大，呈尖锐的三角形状，具有雅致、活泼之感。法国设计师克里斯汀·迪奥根据战后女性的消费心理首先推出这种新样式，并于1955年广泛流行于全世界，在1966年该造型重又以超短裙的形式出现。这种造型的服饰具有活泼、青春、活力的特点，见图1-1-12所示裙摆宽大的时尚服饰(图片来源：英·Art wear: *Fashion and Anti-fashion*)。

图1-1-11

T型外观造型的服饰特点：肩部平而夸张，臀部宽度缩小，具有阳刚、洒脱之感。它在第二次世界大战后流行于欧洲妇女服饰之中，在20世纪70年代末到80年代初又再次流行。这种肩部夸张的服饰造型具有稳健而现代的特点，见图1-1-13和图1-1-14肩部夸张的时尚服饰(图片来源：法·*Mode Passion et Collection*)。

X型外观造型的服饰特点：肩平、腰窄、摆大，外观廓型的线条是所有造型中变化最大的，且具有优美、飘逸之感。这种造型的服饰依据女性凹凸的体型，

图1-1-12

图1-1-13

图1-1-14

具有曲线优美自然的特点，被绝大多数时尚女性所喜爱，见图1-1-15和图1-1-16所示巴伦西亚加·克里斯特帕（Cristobal Balenciaga）设计的高级女装（图片来源：法·*Mode Passion et Collection*）。

2.2 女装外造型的关键部位

服装与人体的相互关系是不言而喻的，单单的一件衣服是没有多少生命力的，只有通过人体来呈现服装的造型，才能给服装以情感、风格和品味。服装的外部造型通过支撑衣裙的肩、胸、腰、臀等各部位来实现，其变化也是有一定的规律可循的。

肩部的造型：服装变化的幅度不大，是服装塑型受限制较多的部位。著名的设计师皮尔·卡丹（P·Cardin）就最擅长肩部的处理，他曾将中国古代建筑的飞檐造型应用在服装肩部设计中，设计出颇有特色的肩部造型。服装史上出现过各种各样的肩部样式，如袒肩、溜肩、耸肩。20世纪80年代初出现的饶有趣味的宽肩造形是肩部外形的一大突破，创造了一种全新的男子气的女性美。此后肩部的造型变化无穷，见图1-1-17所示无袖肩的设计（图片来源：法·*Mode Passion et*

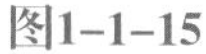

图1-1-15

图1-1-16

Collection）。

腰部的造型：腰部造型是女装塑型中举足轻重的部位，其变化归纳为两大类：一是腰部的松紧变化，代表作品为“S型”与“X型”的服饰，这两种造型用束腰来强调女性身材的窈窕，见图1-1-18所示束腰的设计（图片来源：法 · *Mode Passion et Collection*）。我国早有“楚王好细腰，宫女多饿死”的诗句，同美国女作家玛格丽特 · 米切尔（Margaret Mitchell）的小说《飘》有异曲同工之妙。迪奥设计的松腰“H”就是从他束腰的“新造型”和“郁金香型”中脱胎而出的，在当时赢得了时髦女性的一片喝彩。二是腰节线的高低变化，可以带来比例、风格上明显的差异，例如韩服、“S型”的高腰礼服等。

衣摆裙摆的造型：衣或裙的比例关系是依靠其底边线的高低来决定的，直接反映出女装的外造型。从20世纪初西方女性的裙下摆逐渐上移开始，60年代末裙底边提高到历史上顶峰的“迷你时代”，到七八十年代又急剧下降到小腿或膝盖，进入90年代“迷你裙”趋势重新抬头。由此可见，裙子下摆的长短、大小、波状等对女装造型变化的重要。裙子是女性服饰中外造型线最丰富、最活跃的一种，不同材质的面料组合、各种设计手法、制作技术的运用，都能产生不同的外部廓型和视觉效果，见图1-1-19所示印花丝绸服饰的设计（图片来源：法 · *Impressions de Mode*）。

对新造型的渴望与追求，哪怕是极为微妙的外形线变化，都会成为世风流行。外形线决定了设计的主调，借用著名野兽派画家马蒂斯的一句话：“如果线条是诉诸于心灵的，色彩是诉诸于感觉的，那你就应该先画线条。”见图1-1-20、图1-1-21所示时尚造型设计效果（图片来源：法 · *Mode Passion et Collection*）。

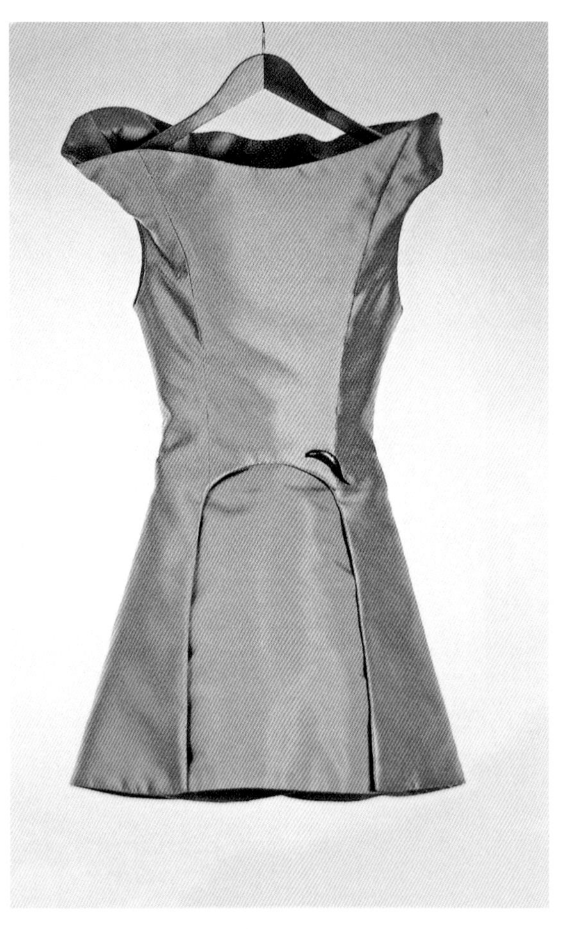

图1-1-17

二、女装的细部造型设计

1. 细部造型设计之省道

省道是实现女装贴体设计的重要技术手段之一。把平面的服装面料附着于人体的各个曲面，将超出人体之多余部分进行技术处理，由此产生一定的褶裥量，这就是服装上省道的形成。省道是女装中最常见的设计方法，它可以让人们展示出身体各部位的的曲线美，可以通过突出女装的胸部、腰部、臀部，来表达服装的设计意境，体现设计师的设计风格。同时满足省道的设计也是功能需求。

女装省道可在服装的任何部位进行设计。一方面可以取纵横向、斜曲向等多角度的任何一方进行设计；另一方面也可以将省道与结构分割线相结合进行设计，再结合面辅料的色彩、材质，使

图1-1-18

图1-1-19

图1-1-20

图1-1-21
图1-1-22

省道的变化多样，见图1-1-23、图1-1-24所示结构省道线的设计。熟练的运用省道设计技巧，让服装和人体找到有效的切合点，将美观设计与实用功能有机地结合，可使服装与人体达到天人合一的美妙境界。

2. 细部造型设计之分割

女装设计中的分割线按方向可分为纵向分割线和横向分割线两大类。典型的纵向分割线有“公主线”“弧性分割线”，它是沿着人体曲面的起伏，从肩部或腋下袖窿开始，经过胸的最高点延伸至腰部以下而构成的结构分割线，其目的与省道一样是为了得到美观的造型轮廓，但是纵向分割线的设计如果只考虑美观是不够的，还需考虑到人着装后的活动余量。因此，纵向分割线的设计不仅要考虑造型的需要，还应将功能与美观相结合，从而形成具有装饰美的功能性分割线。

横向分割线在衣身肩部范围的分割线称育克（Yoke）。育克开始因功能的需要在男装上出现，在肩背分割处用双层布料，其目的一是为了增强服装的坚固性，防止劳作中损坏；二是为了美观的需要，防止夏天出汗留下汗渍。横向分割线除了育克外，上下、左右、曲直的分割形式也很多，过去常用于男性的衬衫、茄克、猎装

图1-1-23

图1-1-24

图1-1-25

图1-1-26

上，随着中性化服饰的流行，出于装饰美观的需要在现代女装中也经常出现，见图1-1-25、图1-1-26所示结构分割线的设计。

3. 细部造型设计之部件

服装如同一座建筑，也是由各种“部件”组合而成，对服装细节部件的精雕细琢犹如室内装修中对细节的关注，这些细枝末节的刻画同样影响“作品”的效果。对服装而言，服装设计在整体把握服装的外部轮廓造型、服饰色彩搭配、面辅材料选择的基础上，对服装部件的设计也是体现服饰灵魂的关键点，更是某些服饰品牌的标识性设计，见图1-1-27、图1-1-28所示的细节设计。

服装中的领（Collar）与袖（Sleeve）是现代

服饰设计中的重点之一。例如袖子的设计，从结构与工艺分为装袖和连袖两类；从造型上又分为羊蹄袖、泡泡袖、喇叭袖等。自古以来东西方袖子的造型区别就非常明显，古代中式服装多为连身袖，造型宽大、舒适、随意；欧洲西式服装中多为装袖，造型合体、方便、美观。从结构上剖析：装袖的立体感强，袖子的塑造更为丰富，尤其是古代的一些夸张而华丽的袖子样式，令现代人叫绝，满足了西方人强调和暴露人体曲线的心理需求。而今，这两种袖式已为东西方所共知，其各有特色。由于领子是围绕和覆盖一个不规则的圆柱体，而袖子也是包裹着一个不规则的圆柱体，均需立体呈现，因此，服装设计师们只有充分了解和剖析这两者的内部结构，才能创造出新颖的、独特的、适用的且具个性化的设计，见图1–1–29、图1–1–30所示细节变化的综合设计。

图1–1–27

图1–1–28

图1–1–29

图1–1–30

三、女装的整体造型设计

奥黛丽·赫本说："外貌是女人不可或缺的资本。"所谓外貌，一方面是穿衣搭配，另一方面就是整个人呈现出来的气质和状态。聚焦，是被吸引和持久的观察，也是设计师所设计一件服装的重点。聚焦所产生的吸引力大小取决于轮廓清晰度和色泽鲜明性。首先吸引注意力的部分就是在视觉范围内与其他部分形成鲜明对照的地方，是优先显露处。一个闭合的形体轮廓会起支配作用，因这整体吸引注意力并影响着各部分的关系。但若把这个轮廓打开放在背景中，使之于背景有相互作用、相互影响的效果，尤其是在背景上有鲜明的对照部分，这个轮廓就只起第二位的作用了。聚焦后常出现"持久聚焦"，是在各局部当中找到视觉关系的结果，并使人专注在这个结果上即而形成组合。

形是较颜色更明朗有效的传播手段。形，之所以给予视觉、知觉以深刻印象，正如杰出的美学家鲁道夫·阿恩海姆曾说："我们看到，三维物体的边界是二维的面围绕而成，而二维的面又是由一维的边线围绕而成。对于物体的这些外部边界，感官可以毫不费劲地把握到。"他道出了服装造型之要诀，即要掌握住整体的外形线。正如我们隐去衣着上的各种细节，呈现在视觉里的印象仅为外形特征，像剪影一般。

当然，织物结构、印染图案、色彩搭配的变化都会给服装带来新趣味，但最能赋予服装生命力的，乃是外形线的变化。一本权威的服装设计著作《服装艺术与个性显现》开宗明义地指出："对成功的服装而言，再没有比线条更重要的因素了，所有重大历史时期的服装区别就在于它们的轮廓线。"

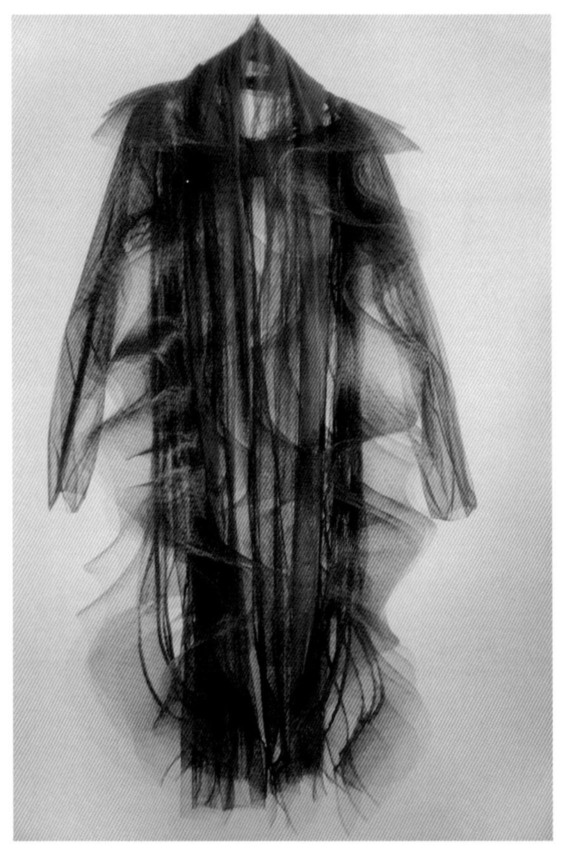

图1-1-31
图1-1-32

时代的发展不断给服装设计提出新的要求，迫使服装设计师探索相应的表现手法和表现形式，以便再现时代的精神面貌。从这个意义上讲，随着时间的推移，文化艺术、科学技术的进步，人们情感和审美观念的深化，是服装设计语言逐渐深化的重要因素之一。服装设计需要设计师有相应的设计题材表现。诚然，艺术设计中的题材往往会重复再现，但是每个时代的设计师都会赋予这些题材以新的元素，提出新的问题，见图1–1–31和图1–1–32所示新材料的高级时装展示（图片来源：法 · Mode Passion et Collection）。

服装是处在一定空间或环境的活动地形象，任何一类服装都有相应的空间和环境，服装和环境之间应该是一种相依共融的协调统一的关系，共同创造一种和谐的美感。同时服装需要一定的装饰配件来陪衬，服装与配饰之间是一种有序的，科学的搭配关系，同时又是一种互补的协调的整体关系。

因此，服装设计之所以能够富于创造性地表达人体美，并不是仅有设计师就能够完成的，还需要通过诸如量体、制板、缝制及相应的工艺流程的有机配合来实现，很像电影艺术的创作过程。一套高级时装的设计，其中面料选择的造型性、量体尺寸的准确性、样板制定的科学性、工艺制作的合理性、服饰配件的协调性等，都会直接影响到服装地整体艺术效果的充分体现。因此，在服装设计和成型的整个过程中，各个工序之间应该是一种环环相扣、相辅相成的密切关系，见图1–1–33（图片来源：英 · Art wear: Fashion and Anti–fashion）和图1–1–34所示（图片来源：法 · Mode Passion et Collection）高级时装展示。

图1–1–33
图1–1–34

第二节　成衣类女装的设计

改革开放以来，我国服饰文化发生了巨变。改革开放初期的军绿色、蓝色、灰色、白色、黑色等颜色早已被五彩缤纷的色彩所替代，军装、中山装、列宁装、连衣裙也已被时尚的服装所替代，服装造型、款式结构、新型材料、色彩搭配等方面的创新设计，使人们的着装观念发生了翻天覆地地变化，时尚服饰已成为人们物质生活和精神追求的重要组成部分。随着市场经济的发展，社会生产力的提高，我国已逐渐解决了温饱问题，继而人们的价值趋向、审美观念、消费需求等都发生了根本性的转变。反映在服装业上，广大女性消费者的观念正从对服装的实用、耐穿，向服装的新、奇、多转化，成衣的市场需求迅速增长，使得工业化批量生产有了用武之地，成衣的工业化生产也渐渐替代了传统手工作坊的制造。针对消费者而言，成衣分高级成衣和工业化成衣两类。

高级成衣是从法语中意译出来的，其中Pret是准备就绪的意思，A–porter是穿用的意思，直译是“成衣”。它与一般的成衣不同，是高级时装设计师为中产阶级消费对象，从当季发布的高级时装中选择便于成衣化的设计，在一定程度上运用高级时装的制作技术，小批量生产的高档成衣。

现代工业化成衣，已不仅仅局限于裁缝的概念，其制作方法也不再以个体裁缝的单件缝制作为唯一的形成。它是按照一定的工艺标准，通过规定的工序流程，以流水作业的方式，通过工业化批量生产加工完成的服装。服装各基本衣片和辅料经过预先设计的工序，最终加工为成品，称之为工业化成衣，也是现代服装行业的生产现状。工业化批量生产的服装具有以下特点：一是标准化连续生产。严格按照国家ISO900质量标准进行科学的、合理的、系统的生产管理。二是“人—机—物”的耦合链动。其有效利用机械化、自动化程度较高的设备，运用服装CIMS（计算机集成制造系统），提高企业对市场的快速反应能力，从而使服装的生产“新、短、快”。三是低成本高效高质的运行模式。生产品先进设备的普遍应用，使企业的生产管理迅速、准确、便捷，在提高产品质量、降低生产成本、缩短交货周期等方面达到总体最佳，服装的生产成本相对较低，价格适中。

一、成衣女装的设计要素

成衣类女装设计内涵已延伸为一个集现代审美、现代工艺技术和现代市场运作为一体的广义概念。它脱离了纯艺术和技术设计的范畴，以表现服务对象为其目的。因此我们必须树立以市场为导向的成衣设计理念。成衣类女装业仍属于劳动密集型产业，成衣类女装产品不同于高科技产品，其高科技含量相对不高。通过扩大再生产，当产品质量达到一个相对稳定的阶段之后，生产已不是它的首要条件，要提高其附加值只有在成衣设计品位和品牌美誉度上花工夫。

1. 市场为导向的成衣女装设计

随着服装市场的细分化和相对饱和，为数极多的厂家加入激烈的市场竞争，导致市场利润趋于平均化，一批先知先觉的企业通过合理的市场定位，用完善的市场经营理念树立自身品牌，寻求出路，实现从劳动力成本竞争转向设计、品牌的较量，使品牌化发展时代。市场要素自然地融入现代服装设计的内涵，同时对设计师也提出了全面和崭新的要求，除了精通纯设计工作之外，还要学会研究市场，参与营销策划，通过不断开发新产品来满足市场需要。

今天，随着物质生活水平的提高，社会分工的细化，传统消费结构被打破，千人一款的年代已一去不复返，所谓的名牌也只能是在某一类消费群中受欢迎而已。在消费观念逐渐理性化的趋势下，人们更多关心的是设计的流行性、产品的知名度和着装的个性化。同时由于市场上消费者的年龄层次、生活方式、性格品味不尽相同，并非人人都时刻追赶潮流，有人保持矜持，有人偏重品质高雅，有人则对价廉物美的服装情有独钟。所以及时有效地市场细分是每个企业和设计师的当务之急，应以不同的产品、不同的价格、不同的设计风格明确地区分各自的消费群体。

因此，现代女装企业应改变以往的经营模式，把重点转移到真正的设计中来，设计出反映消费者内在诉求的服装。可以说那些在计划经济下成长起来的企业在生产方面积累了丰富的经验，但它们却往往忽视市场为主导的设计。

2. 合理定位占领成衣女装市场

古语云："知己知彼，百战不殆。"国际著名CI设计大师日本的中西元男先生曾说："设计离不开它服务的对象。"进行市场定位前，最重要的事情就是要先清楚地认清自己与竞争者的实力现状，考虑顾客消费需求，选择相应的目标，制定相应的产品定位，然后合理制定相应的服装市场定位，并依次取得市场份额。

通过市场细分企业可以清楚地看出细分市场的规模和其长期的发展力，在此基础上企业就可以宏观地进行市场抉择。市场规模主要由消费者的数量和购买力所决定，当然也受当地的消费习惯及消费者对企业市场营销策略的反应敏感程度的影响。因而分析市场规模，既要考虑现有的水平，更要考虑其潜在的发展趋势。

准确的设计定位包含着独到的风格定位和合理的价格定位。成衣类女装企业在经过必要的市场细分，确定了目标消费后，应该结合自身的条件，利用准确的设计找到市场的切入点，设计出市场认可的产品。

成衣类女装企业自身条件不相同，其设计的市场定位也有区别，一些具有很强设计能力的企业可将其设计定位在追随流行时尚群体中，这类群体除了具有一定的审美意识外，往往还具有对服装时尚的一种主观感受，但这种感受大多是处于朦胧状态的，如果成衣类女装企业靠新颖的设计和得力的宣传手段，能把这种主观感受用具体的款式展现出来，那么就会有力地促进市场需求，在产品销售上可采取限量投入，售完即止的方法。相反，对于一些设计能力较弱的企业则不必过于追求款式设计，可将其设计定位在偏重质地、品质的群体上，并且根据每季的销售畅滞情况和市场反馈不断地调整商品计划，一旦发现旺销再增加产品数量，这是一种风险较低又能保证效益的稳妥方法。

3. 品牌开发为成衣女装设计的终极目标

我国服装业在20世纪90年代开始有了现代品牌的概念和意识，而当时国外一批服装企业利用成熟的服装品牌运作模式，轻车熟路地占据我国的中高档服装市场，利用品牌效应赚取了大把利润。随后国内企业通过对比，才懂得品牌效应创造高额附加值产品的重要性，同时使企业的生命力更强，于是纷纷尝试加入"品牌服装"之列，政府有关部门也制定相关政策鼓励和扶持打造"中国服装品牌"，支持国内企业走品牌道路，形成了创造品牌服装的气候。

面对国外品牌纷纷抢滩中国内地，我们的民族服装业者已清醒地提出并开始实施"品牌战略"。对于服装产业，中国的市场在逐渐成熟，成熟的市场将以品牌来分割，一个品牌将面对一个相对固定的消费群体，并为其提供一种生活方式。而一个理性的、成熟的消费群将使服装业拥有一个良性的市场氛围，并对民族服装业的发展起到积极的作用。

对于中国的消费者来说，认识品牌，是时尚话题，是一种品质认定，是一种品味体现，更是一种个人风格和生活方式的选择，是鲜明的自我标识。

从目前我国服装行业的现状看，最近几年服装企业开始从市场经济的规律中苏醒过来，真正意识到品牌、名牌的重要性。一些企业集中人力、物力、财力等优势，开创了一系列在国内较有影响的品牌服装，集群内外的、宏观微观的、人力物力的、有形无形的资源为发展壮大集群服务。最简单、最直接的资源就是产业集群内的企业资源。集群内的企业，一般几个、几十个，个别的多则几百个，企业之间千差万别，参差不齐。有自主设计、创新能力强的，也有做跟进的，如果把两种企业整合起来，不仅有创新能力的企业可以拿到创新利润，跟进的企业也可以拿到加工利润，而且也可提高管理和加工水平，有利于企业做强做大。不仅企业，专业市场也要如此，需要注重企业与市场的互动，集群与企业的互动，通过促进完善和优化产业链，凸显配套优势，使积聚效应得到较充分地发挥。因此，服装企业的当务之急一方面要注重规模扩张和长远发展，另一方面要不断重视加强市场开拓和新产品的开发，加大科技投入，突出设计和创建自己的品牌，以寻求和扩大市场份额。

4. 技术质量保障品牌女装的可持续发展

产品品质是主要的品牌形象之一，品牌服装要维护完美的品牌形象，就必须提高产品的品质。产品品质的提高，需要在产品直接成本上加大投入，对原辅材料和工艺制作都有较高的要求。品牌服装单件产品的利润可以是普通服装的几倍，其除了品牌形象的因素外，产品的品质是普通服装不可比拟的，这也是打动消费者的根本原因。普通服装为了推行低价策略，不得不严格控制服装的直接成本，从而间接地降低了服装的品质。

现代服装行业的新模式——产业集群，对经济增长具有重要作用，能够发挥资源共享效应，增强企业创新能力。一是空间集聚衍生竞争优势，即大量的服装相关产业相互集中在特定的地域范围内，通过专业化分工和协作，形成产品链和上下游关联企业链，使众多企业逐步走上"小而精""小而专"的高品质发展道路，形成一种集群竞争力。二是外部规模衍生合作优势。服装产业集群并非简单的企业扎堆，而是关系链上的相关企业有机组合。基于服装产业集群所形成网络化的组织系统可以将各种不同的资源、能力进行整合，通过建立一个在合作竞争基础上互动机制，提高合作效率。三是知识外溢衍生创新优势。服装企业之间由于地理集中，有更多地相互学习的机会，容易产生专业知识、生产技能、市场信息方面的累积效应，促进创新成果的应用和扩散。因此，产业集群大力推进了女装品牌的衍生创新发展，模块化、专一性的生产模式，大大提高了生产效率和产品质量。

5. 终端销售奠定了品牌服饰成功的基础

成衣类女装终端事件营销，也叫成衣类女装终端销售，指服装终端整合自身的资源，通过借用社会关注焦点，策划富有创意的活动或事件，使之成为大众关心的话题、议题，因而吸引媒体的报道和消费者的参与，进而达到提升成衣类女装终端形象以及销售产品的目的。这就要求设计师在设计时，要考虑到成衣类女装生产销售特点，进而达到提升其终端形象以及销售产品的目的。

在当前的服装市场里，服装产品同质化、服务同质化及其他市场营销行为同质化程度越来越高。消费者面对同质化、同诉求化的服装也越来越无所适从。而现代成衣类女装的市场占有率呈现上升趋势，成衣类女装的设计与销售越来越受到重视。因此，指引成衣类女装设计的是市场，而最能检验其设计是否适应市场的就是服装企业的终端销售部门。

此外，成衣类女装终端环境设计要完善并能体现品牌的风格，衬托出品牌主题，并能很好地与服装设计进行融合，这直接影响到品牌经营的成败。由此可见，在成衣类女装终端设计中功能性的作用直接对空间的服务带来影响，合理的成衣类女装终端空间布局和结构设计将会对销售活动起到促进作用。

二、成衣女装设计的形式美法则

1. 构成造型要素在成衣女装设计中的运用

点、线、面是最基本的成衣女装设计构成要素，这些构成要素在设计中，有的表现为抽象的、概念的构成要素，有的表现为具象的、部件的构成要素。针对服装立体的、动态的、空间的造型特点，各种不同的点线面通过一定的秩序排列、疏密变化，在女装的外部轮廓、内部结构、装饰配件及内外的空间互置上进行整体服饰的设计，见图1-2-1、图1-2-2所示概念抽象的点在系列服装

图1-2-1

设计中的运用。

构成造型要素中的点在几何学上是最小的基本形态，没有长度、厚度和宽度。而线则是由点的任意移动轨迹构成的，分为直线和曲线。在服装设计中的线既可是直观的、实际的线条，也可是抽象的、概念的轮廓线或投影线。由于线是人们视知觉形状最直接和最具体的要素之一，因此，在运用线来塑造服装时，要尽可能的让设计符合服装的结构和人体的结构图1-2-3所示线在系列服装设计中的运用。

图1-2-2

图1-2-3

线在服装设计的造型过程中承担着重要的角色，水平方向的线呈现横向的、宽广的、平静的感觉，具有一种均衡与安宁之感；而垂直方向的线呈现纵向的、上升的、力量的感觉；放射状斜线是直线中最具动感的线条，是服装设计千变万化的创作源泉，见图1-2-4、图1-2-5所示服装设计中线的变化设计。我们也能够从世界百年服饰历史中体会到克里斯汀·迪奥、可可·香奈儿、伊夫·圣罗兰等著名服装设计师均以直线形高度概括了服装的外部轮廓线。

曲线又分为规则的几何曲线和不规则的自由曲线，存在于生活的任何角落，如拱形的古桥、蜿蜒的河流、摇戈的柳树等，这些曲线都富有圆顺、飘逸、蜿蜒的律动感。规则的几何

图1-2-4　　图1-2-5

曲线是指在一定的规律下，或对称、或螺旋升降而产生的曲线。在服装设计中，左右对称的椭圆帽子、起伏律动的圆裙摆、交叉层叠的衣服下摆等都以规则的几何曲线为构成要素，其设计给人以柔美、流畅的感觉。不规则的自由曲线是指没有规律的、随意的、流动的曲线。不规则曲线具有极强的个性，可以遵循一定的设计原理自由发挥，在服装设计中常常在门襟、裙摆、领口弧形等部位运用不对称的自由曲线，其服饰常给人以飘动的、跳跃的、活泼的感觉。因此，运用不同种类线条的风格特点，例如柔美与刚硬的、简洁与繁琐的、轻盈与凝重的，可表现出成衣女装不同的风格、结构和质感。

面是在线的移动下产生的具有一定的长度、宽度和位置，服装设计中同样是应用其面积的大小、位置的变化等进行设计创作。

在成衣女装设计中，点、线、面构成造型要素的运用往往是交叉而综合使用的，这些构成造型要素之间的互动，意味着相互之间秩序感、节奏感的变化，当达到应用自如的境界，便能超越服装固有的形态束缚，成为最直接展现设计师个性风格的表现形式，见图1-2-6、图1-2-7所示点、线、面构成要素的综合设计运用。

2. 形式美法则在成衣女装设计中的运用

设计师们从传统文化、历史文献、现代建筑、几何型雕塑中获取灵感，通过造型、色彩、面料的拓展使设计概念更完善，为了使各种纷繁复杂的设计元素之间相互协调，需要用正确的服饰语言、简洁的表现方式将其具体化。19世纪，德国著名的哲学家、实验心理学家、物理学家费希纳，古斯塔夫·西奥多(Fechner， Gustav Theodor

1801 ~ 1887)把美的形式原理作为造型上的基本原理，归纳为比例、平衡、反复（交替）、节奏（律动）、渐变、对称、对比、调和、支配和从属及统一。至此，设计界便遵循这些形式美法则在各类艺术作品、设计作品中出现，如图1-2-8所示以牡丹为设计灵感来源，运用比例、节奏、重叠等设计手法构成的系列女装设计。

服装设计中运用形式美的构成，主要体现在服装的外部轮廓造型、内部结构分割、服饰色彩选择与搭配、不同材料的组合与使用上，通过复杂的收省与拼接结构、华丽的镶拼与镂空等方法的处理，协调基本要素之间的相互关系，依靠形式美的基本规律和法则，使其多种造型因素形成统一和谐的整体美，如图1-2-9所示运用渐变、不对称、平衡等设计手法构成的创意服饰设计。

三、系列成衣女装的设计重点

我们通常将造型相关联的成组服装设计称之为系列服装设计，系列服装设计在人们的视觉感受和心理感应上所形成的审美震憾力量是单件服装所无法比拟的。服装设计最终是以产品的形式出现，而且需要通过一定的营销方式使之穿在消费者身上才是设计的最后终结。因此，在设计的整个过程中，除对于服装造型本身人的细致地研究，还需要对其相关的多种要素进行综合考虑。

1. 造型要素构成的系列成衣女装设计

从生物学和进化论的角度来看，人对对象的感知基于生物追求秩序感和捕捉本质特征的生理心理同一的本能，具有简化

图1-2-6

图1-2-7

图1-2-8

图1-2-9

特征。形的简化符合人的视知觉需要，有利用人们把握事物的本质特征。时装画处理的越是准确扼要，人们越易于把握和理解时装设计的具体构想。但这种简洁并不是量的意义上的简单，而是指在可能的范围里使图形获得最简洁、最合理、最明了的形态，使得丰富的结构变化统一在一个有序的整体之中。在这个整体中，所有细节各得其所，成为整体结构不可分割的一部份，这就要求我们在起初的训练时反复推敲每一根线及其与整体形态的关系，使每一根线具有造型意义，不出现任何一根多余的线，形成严谨的造型意识，从而理解人体与服装的结构，剖析两者之间的关系。

作为成衣女装设计中最响亮的“语言”——色彩，它备受设计师和消费者关注，始终是世人和流行瞩目的焦点。由于人类对于色彩的经验与对情感的体验两者之间的共鸣，色彩表现成为表达情绪最直接、最感性的手段。就服装的色彩设计而言，色彩的丰富性及微妙变化存在于色与色的相互依存的组合关系中，其面积的形状、大小、空间位置及组构方式规制着服装的整体性格。色彩的变化是流行的触角，是一面无形的镜子，清晰又模糊地映射着一代又一代人的期待与回首，如图1-2-10~图1-2-12所示以外部廓型和装饰图案设计为主题的系列服装造型设计。

我们已处于这样一个时代：一切反常的都可能被认为是正常的，最古老的也许是最时尚的，一切存在都是可以理解的文化共生时代。色彩的流行、款式的流行也莫不如此，但人类基本的视觉经验并没有发生太大的变化。

2. 装饰手段构成的系列成衣女装设计

装饰在近万年的人类进程中，作为社会生活的一部分，与人类同生同长，同共发展，并逐步登上了时代顶峰。装饰并不是自古就以美化为目的的，而是逐步在文明社会里演变为以美化为主要目的，性质的变化也引起题材、结构等多方面的变化，见图1-2-13所示以中国传统汉字为装饰元素的系列设计，图1-2-14所示以韩服为设计灵感的系列设计。

随着近现代工业、纺织业的兴起，服装装饰材料的数量、性能、花色、品种和形式日益丰富，综合装饰元素的运用作为美的表现形式日益显

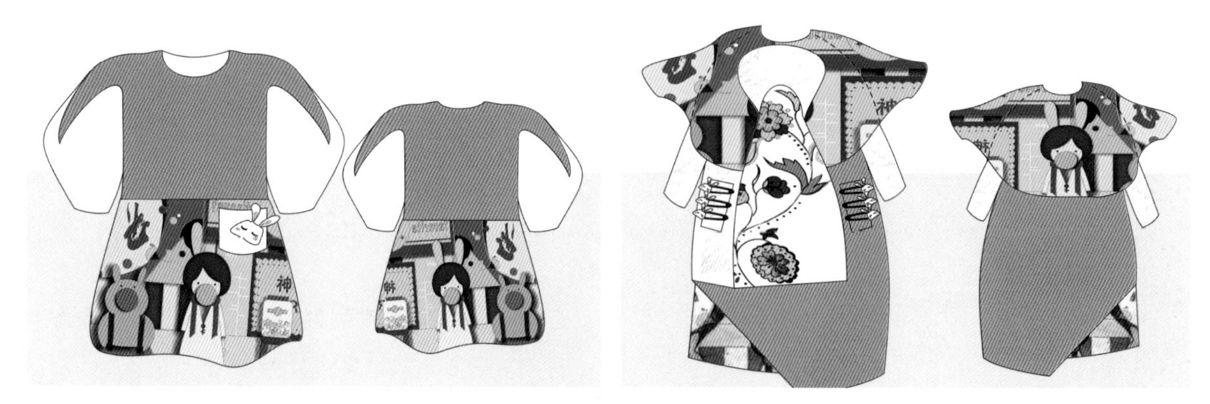

图1-2-10

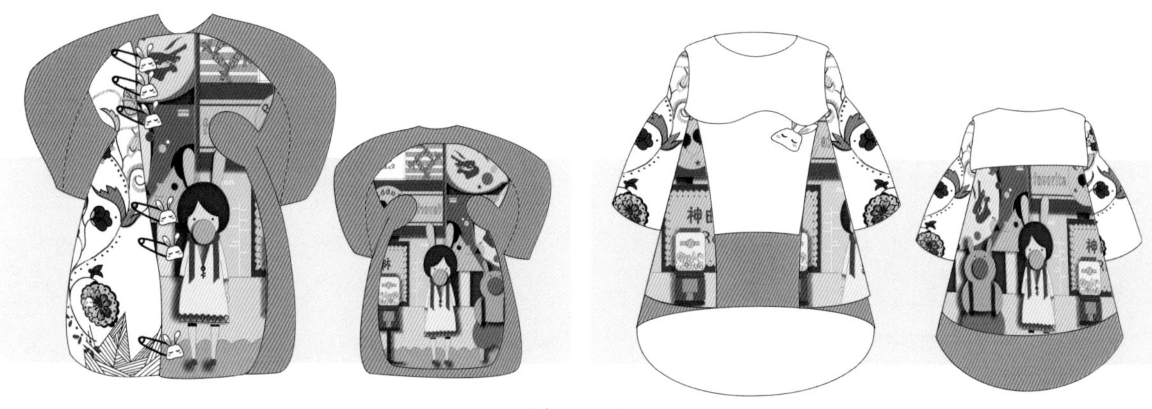

图1-2-11

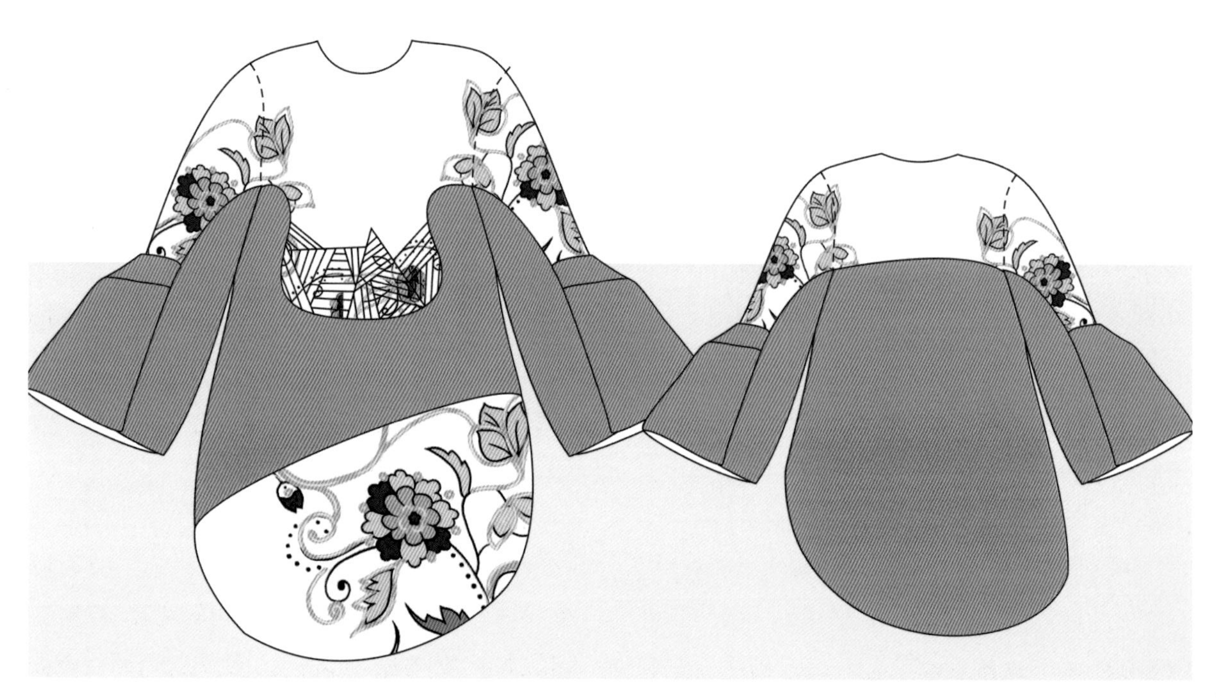

图1-2-12

图1-2-13

图1-2-14

现。任何设计风格的塑造都离不开装饰作依托，装饰的组合再造与成衣女装的创意紧密相关，成衣女装的细节变化则是调节设计风格紧跟时尚流行的捷径，而设计构思与设计能力通过它而呈现出时装不朽的光彩。因此，装饰手段成为现代系列女装设计中不可忽视的要素之一，传统的装饰工艺、时尚的服饰配件无不为服饰的造型添砖加瓦，进一步丰富了系列女装的设计语言。

装饰性在艺术处理上，它是在对立的状态中强化一方的结果。反过来说，也就是削弱另一方而取胜。如以圆化为方，依曲强直，化整为零，零中见整，化刚为柔，转柔为刚，夸张缩小，缩小也就是夸张，削弱也就是加强，这些转化也就是装饰造型的规律。成衣女装以人为造型对象，受各种不同消费群体的制约，不同的款式是由不同的材料和色彩加以体现，不同的造型是由不同的结构设计来实现，不同的结构设计又是由不同的工艺来完成的，不同的装饰又对服装的造型起着点缀的作用。由此可见，成衣女装设计中的造型、材料、色彩、结构工艺、装饰各要素之间相互制约又互相衔接，见图1-2-15所示以刺绣为装饰手法的女装设计。

今天，物体不再是静止的存在，而被看成是能动的聚集，是能动的事件。服装形态轮廓线的解读，随其归属的改变而呈现出模棱两可性，静态的装饰与被装饰的关系“活化”为一种动态的共生关系，以往固定的服装概念开始动摇并相互渗透，为全新的服装形态的出现提供了潜在的无限可能性和理论上的合理性，从而带动服装设计领域无限的创意。

3. 多种艺术风格构成的系列成衣女装设计

服饰作为人类形象外在的表征，其风格化、个性化的艺术魅力，集成了具有丰富的感性和理性内涵的服饰文化。格罗皮乌斯（Walter Gropius）提出：要使产品尽可能美观，关键在

图1-2-15

图1-2-16

于攻克经济上、技术上和形式上的技巧关，由此才有可能生产出完美的产品。正是在所有这些方面的和谐一致上，才显示出产品的艺术价值。如果仅仅在产品的外观上加以装饰和美化，而不能更好地发挥产品的效能，那么，这种美化就有可能导致产品形式上的破坏。因此，他提出了要把产品的经济、实用和美观三者有机地结合，见图1-2-16所示成衣女装的系列设计。

科学技术的发展，对人们的生产生活方式产生了深刻的影响：把人作为哲学的基本问题，围绕人的价值、人的需要、人的社会展开研究，产生了一切“以人为本”的设计宗旨。首先，它促进了成衣女装的功能化设计。从女装成衣化的进程来看，无论是对于人体生理条件的舒适性满足，还是各种各样环保服装的出现，成衣女装的核心内容就是提高其功能性。第一，人类有可能面临更加严酷的自然环境或人为的气候条件，成衣女装对人体的保护要求越来越高，用于满足不同消费群体的特殊要求；第二，人们越来越重视成衣女装良好的穿着舒适性能及由此而带来的良好的工作效率，对“人—服装—环境”组成的系统进行深入的研究，由此产生了服装学科。其次，促进了成衣女装时尚中个性因素的扩展。进入20世纪中叶，服装设计中关于“人”是指一个个的个体的人，强调个人的心理体验和价值实现的观点，使个性成为首屈一指的追求要点，如果说20世纪50年代的时装主导是一个追随设计师的流行时期，那么60年代成衣革命后，成衣化设计更注重个体的标新立异和流行的多样化体现。第三，促进了成衣女装中依附于人的新的人衣关系的建立。服装设计是对人的设计，服装只是“半成品”，它的价值必须通过人的穿着才能体现出来，为此引发了“一次设计”和“二次设计”的概念：“一次设计”是针对衣本身的设计，“二次设计”是围绕人的形象中人与衣的组合关系的设计，这个概念的提出本身就是人本主义思潮影响成衣女装设计理念的结果。

第三节　创意类女装的设计

我国的服装设计从1985年开始，历经了30余年的快速发展，目前仍面临两大压力：一方面来之国内服装产业的竞争。随着电子商务、物联网的快速发展，我国服装产业发生了质的飞跃，由最初的纯粹加工制造向设计、创造与品牌建设方向发展，服装产业的竞争也日趋激烈。另一方面来之国际市场的竞争。一些发达国家的跨国集团，拥有当代先进的核心技术、雄厚的资本经济、高效率的管理体制、成熟的设计与营销手段以及遍布全世界的情报网络，具有绝对性的竞争优势。面对当前国内外服装行业形势的发展变化以及激烈的竞争局面，对服装创新、创意设计提出了新要求。

创意类女装设计是在设计构成上赋予创造性的理念。创意，作为一种以人为主体，主观为形式，客观为内容的思想产物，与人的思维、人的活动息息相关。尤其是创意所包含的特性，更使创意独具风采而受人青睐。

一、主题式创意女装的设计定位

将纵横向项目（或模拟设计大赛）为设计主题，分解成若干个子项目，通过子项目内容与服装设计实践相结合，以产品的形式完成设计、实践与创作，如图1-3-1所示项目与专业课程的设计实践过程。根据学生的年级、设计能力分解项目内容，由主讲教师分组共同完成项目的内容，通过横向项目、大赛项目或模拟项目的形式完成设计实践与课程内容的结合，如图1-3-2所示虚拟班级的结合形态。再将工作室串联成可开可闭、综合开放性的实践空间来完成项目的实施，如图1-3-3实践空间的交互联动。这种灵活多变、宜紧宜松的弹性学习方式能提高学生主动学习的兴趣和设计实践能力，较好地解决了服装专业应用型人才培养与行业人才需求之间的断层矛盾。

以某个服装设计有限公司进行联合设计教学项目“DCNOY（蒂可诺依）女装品牌的新产品开发”为运作典范，其目的以新产品的开发和为企业选拔优秀的设计人才为契机，带动服装设计实践教学的改革。该女装品牌研发时间定位为秋冬女装和春夏女装。主题风格是优雅、精致、婉约、高贵、时尚。产品定位，25~35岁对时尚生活有自己独立的见解，注重生活品质，追求优雅的着装风格的女性。设计作品的要求是：①结合公司的企业形象、品牌文化、设计定位，服装作品重在展现设计的原创性；②每个系列服装设计作品4~6件，成衣设计必须立足服装消费市场，且具有一定的品牌植入和推广价值；③作品符合国际流行趋势，

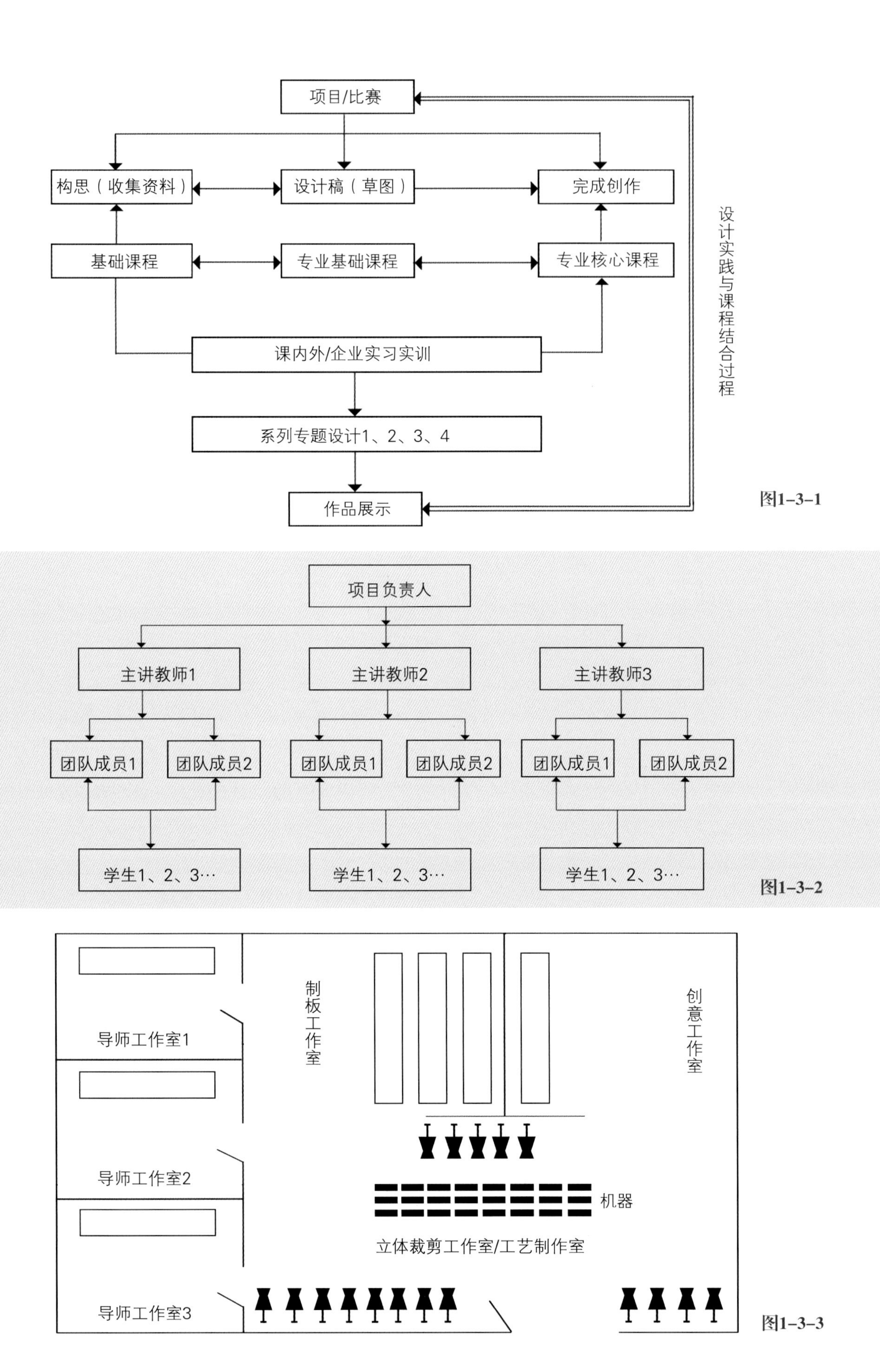

图1-3-1

图1-3-2

图1-3-3

结合时尚结构、高科技材料的设计与运用，体现作品的特色。最终的评定由行业、专家组成评委团，根据作品的创意、造型、结构、色彩、材料、工艺、服饰搭配、现场展示效果、商业价值等进行综合评判。

项目分三个阶段完成。第一，召开服装专业动员师生大会，将女装品牌新产品开发的品牌主题、品牌定位、设计要求、作品要求等内容详细的解读，并宣布活动流程和细则。第二，由带队主讲教师挂牌协同团队成员组建虚拟班级，学生自主选择入队，一周内完成报名。以上两个阶段是项目准备阶断。第三，进入最重要的的项目实施阶段。主讲教师按小组分解项目内容，并实施项目的设计与制作。

二、创作方案与过程实施

1. 主题版的构思与设计

根据品牌的定位，收集服饰流行色的预测、服装轮廓造型的设计，专业调研和市场调查，对收集素材进行信息优化的整合，通过图1-3-4所示两个主题版灵感来源的设计和服装造型主题版的设计，再结合自己的优势确定设计主题—坚韧的优雅。

2. 服装的设计创作

采用“草图—设计初稿—效果图”递进设计的方式，完成命题的创作，见图1-3-5。在专业指导老师的带领下不断的修改设计草图，从服装设计的定位、款式造型、成衣合理性、工艺制作的手段等多方面来完善设计主题，主要锻炼学生由设计构思向平面二维设计转化的能力。

3. 坯布设计实践

运用服装立体裁剪常用的白色坯布，通过人台实现从平面二维到立体三维的设计，见图1-3-6所示。经过精心的设计与制作，着重关注领部与袖子的立体效果，侧缝与背部的线条与曲线。尤其是考察服装的比例关系：腰部、肩部与臀部三者之间的轮廓结构曲线设计；服装内部纵横向分割线的设计，通过人台立体展示可以比较直接地观察、修改，达到设计的目的。

4. 结构的分解与材料的选择

（1）结构分解上：高级成衣女装的侧缝曲线与服装的比例关系是难点，而侧缝的曲线要想达到与人体的曲线完全吻合，需要进行不断的尝试与实验，服装纸样要根据人体的曲线不断修改，从而达到与人体曲线完全吻合的优美的线条。

（2）材料选择：首选灰色毛呢面料是因为灰色给人安静与沉稳的感觉，有金丝线的装饰加上灰色毛呢面料，使面料的肌理效果丰富而独特。

图1-3-4

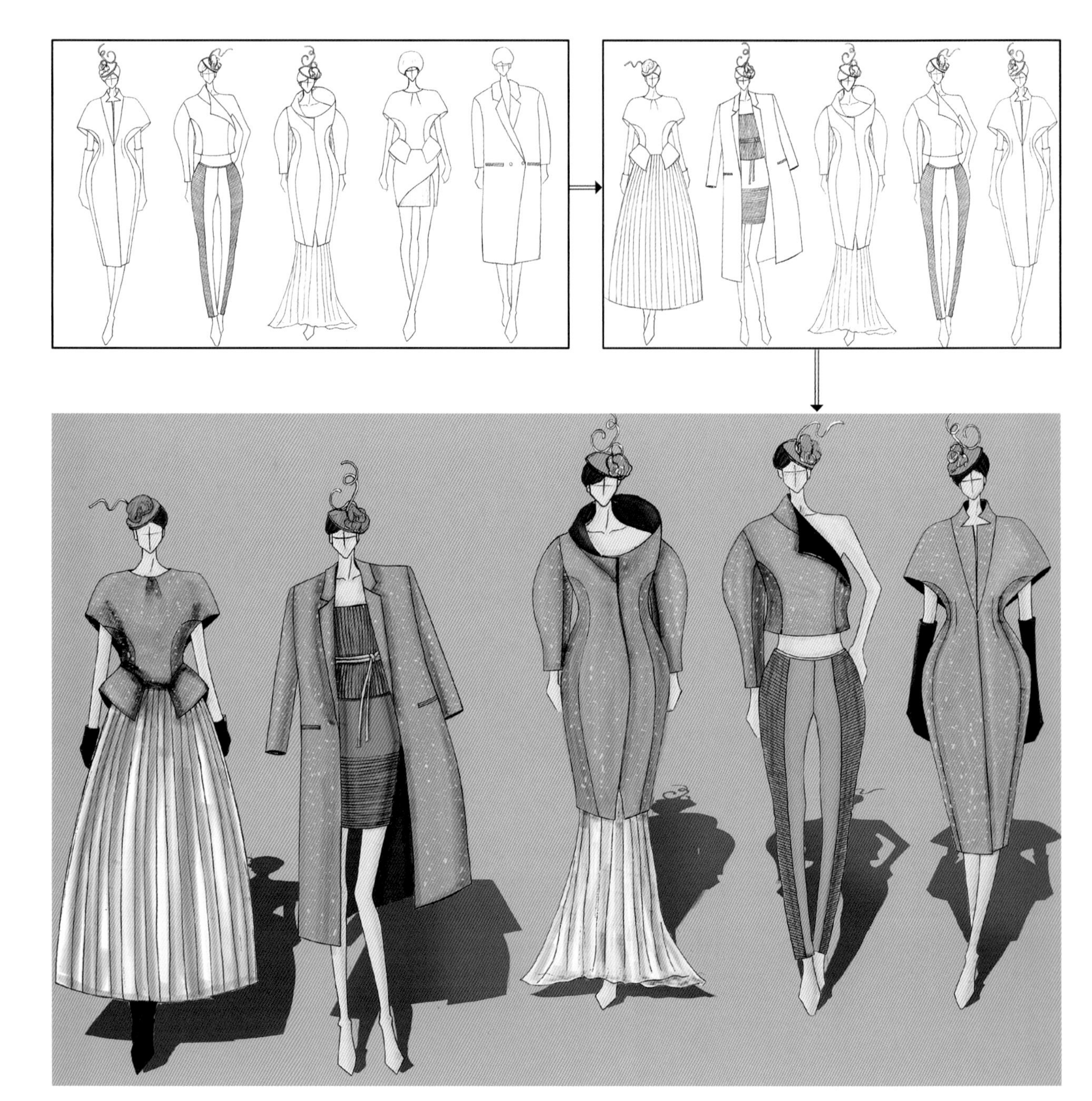

图1-3-5

同时在面料上附加一层厚衬用以增加厚度，使面料具有一定的塑形效果，见图1-3-7所示结构分解与材料选择。

5. 成衣的制作与细节设计

在工艺制作上运用抽褶、折叠、镶嵌等装饰手法，在上装两片侧片缝合处，结构线下面饰有一块金色皮革面料，其目的是为了突出服装的结构线，但也相应增加了上装前衣片侧片与中片拼接的难度。由于皮革面料与毛呢面料是两种完全不同的材质，毛呢面料有弹性而皮革经过压力后会拉伸，两块面料在缝合时会出现偏差，所以在缝制过程中要不断调整两块面料的长度，使衣片的误差降到最低，见图1-3-8所示工艺细节设计。

最后进行作品的效果展示、评选以及替换学分等工作，图1-3-9所示为系列成衣展示。

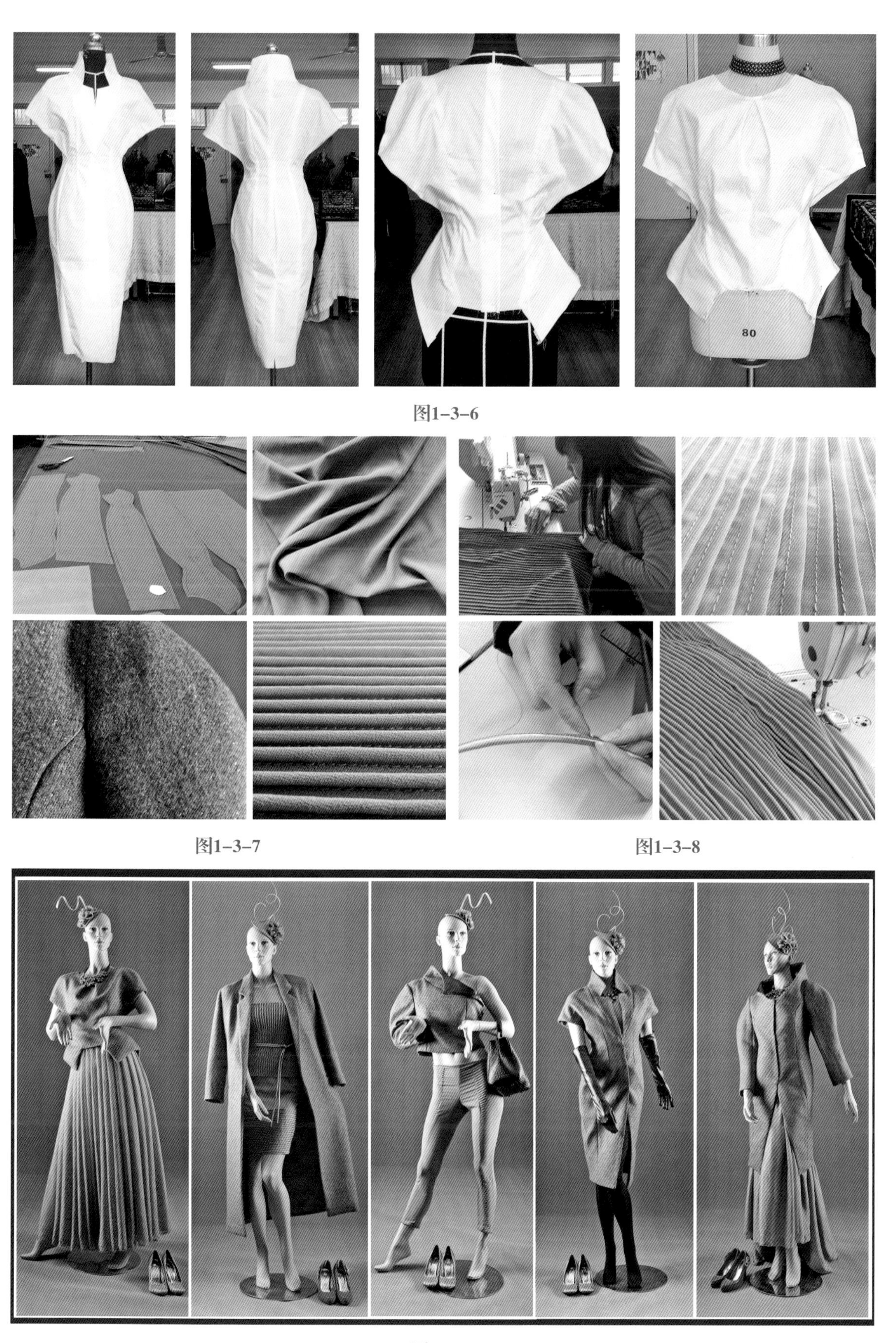

图1-3-6

图1-3-7

图1-3-8

图1-3-9

总之，将纵横向项目/设计大赛项目与专业课程教学内容相结合，能最大限度调动师生的积极性、主动性；其次，它注重在"做中学""学中做"，让所有学生参与项目设计，体验设计创作的过程，实现"技・艺"联动，分型培养；最后，人性化的弹性学分替换制度，打破单一授课形式、学习方法，为学生能力拓展提供空间，促进师生在各类设计大赛中获得较好的成绩。

三、创意女装的设计表现

女装设计表现的一个重要环节就是时装画，它是以绘画为主要手段，通过一定的艺术表现形式来设计服装的造型和烘托艺术的氛围。时装画的发展可追溯到西欧的文艺复兴时期，17世纪中叶以铜版画的形式在《美尔究尔・嘎朗》杂志上刊登了彩色服装画，18世纪中叶出现了专门介绍流行服饰的刊物：法国的《流行时报》和英国的《妇女杂志》，这一时期的时装画已经有了时装插画的雏形。进入20世纪以来，随着影像技术、印刷技术的发展，出现了专门为画报和杂志设计的时装画，涌现出一大批优秀时装画家，他们以其独特的艺术语言、表现形式，开创了时装画的全盛时期。

现代意义上的时装画已形成一个独立而广泛的概念，但在早期时装画只能局限于版画的形式。20世纪兴起的众多艺术流派对时装画产生了极大影响，分解和构成的"立体主义"、荒诞趣味的"达达主义"，一反往常的"超现实主义"构思方法，以及"波普艺术"多种材料的使用等现代艺术思潮为时装画家们提供了无限的创作灵感，涌现出一大批具有世界影响力的时装插画艺术家，使时装画不再是单一的版画形式而向技法和风格的多样化发展。见图1–3–10、

图1–3–10

图1–3–11

图1–3–11所示比亚兹莱的艺术插画（图片来源：比亚兹莱插图艺术），他的插画一方面借助黑白之间的巧妙变化透出其非凡的严谨的功力；另一方面表现在光怪离奇的奇特想象，意趣接近东方。因此，他的作品无论在当时还是在现代，不仅为艺术家所喜爱，而且在美术史上留下永恒的一页。再如一些著名时装画家的艺术创作，或写实，或写意，无不再现了服装插画的精髓，见图1–3–12所示保罗·布洛克（Kuneth Paul Block)的时装画和图1–3–13所示吕邦·阿德鲁尔（Ruben Alterio）的时装画（图片来源：《今日国际时装插画艺术》）。

时装画不同于一般的绘画艺术，具有直观的、实用的、艺术的多重特性。一方面，时装画属视觉传达的装饰艺术范畴，通过新颖、简洁、明快的艺术语言，借助于绘画手段来体现服装设计师的设计构想和服装的整体美感，具有一定的艺术审美价值。另一方面，时装画是以具体的人为塑型对象，从属于服装的款式结构、服饰材料、色彩搭配，又受制于着装者的体型、气质、爱好，以及服装企业生产、销售的需要。因此，时装画既具有一定的艺术装饰功能，又必须具备相应的实用功能。现代时装画的风格多种多样，根据功能的分类大致归纳为以下几种：

（1）时装插画。是报刊杂志中以活跃版面视觉效果为主的时装画，其形式多样、画面唯美、视觉感强，基本忽略使用功能，见图1–3–14埃莱娜·梅杰拉（Helene Majera)和图1–3–15佐坦(Zoltan)所创作的时装画（图片来源：《今日国际时装插画艺术》）。

（2）时装广告画。常用于海报、POP广告、产品样本、吊卡中，以广告宣传为目的。时装广告画通常采用真人模特来展示服装，也有通过抽象的、概念的画面来表现时装的，见图1–3–16、图1–3–17所示世界博览会招贴图（图片来源：作者法国自拍）。

图1–3–12

图1–3–13

图1-3-14

图1-3-15

图1-3-16

图1-3-17

（3）工业款式图。以服装企业或公司生产为目的款式图，在服装产品生产和加工的过程中起指导、规范作用，着重体现服装的造型款式、部件尺寸、面辅料搭配，以及在方案实施过程中以服装的缝制技术、部件要求等为核心的图文制单，见图1–3–18、图1–3–19所示某外资企业的服装生产单。

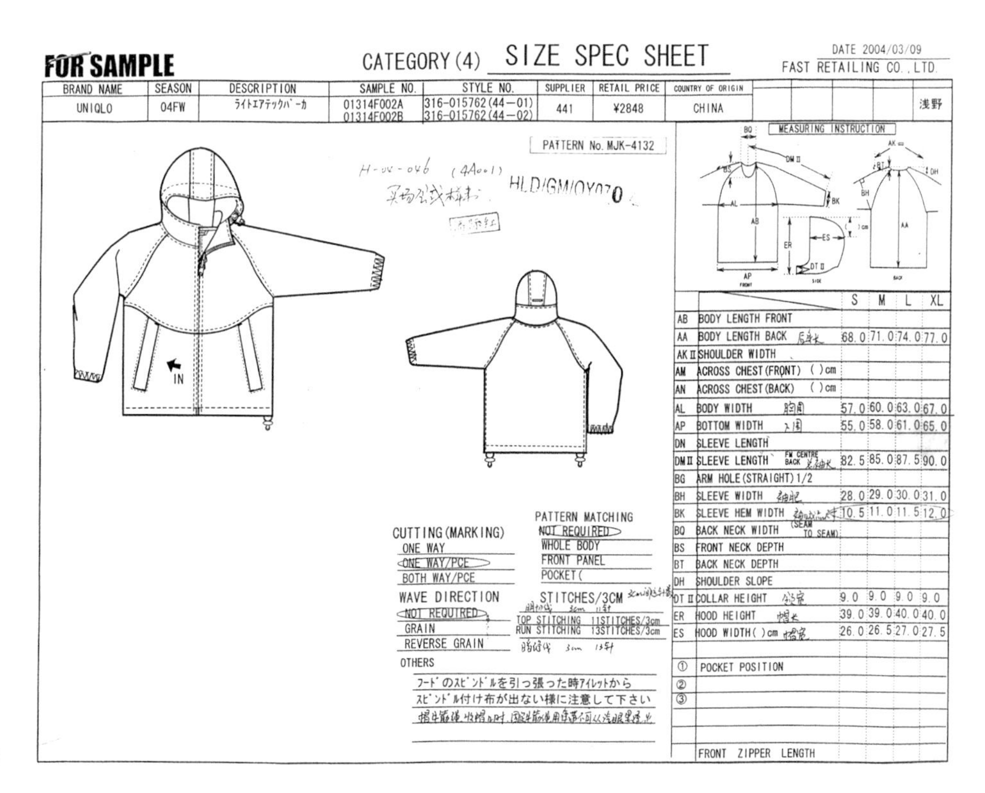

FOR SAMPLE　　CATEGORY (4) SIZE SPEC SHEET　　DATE 2004/03/09　FAST RETAILING CO., LTD.

BRAND NAME	SEASON	DESCRIPTION	SAMPLE NO.	STYLE NO.	SUPPLIER	RETAIL PRICE	COUNTRY OF ORIGIN	
UNIQLO	04FW	ﾗｲﾄｴｱﾃｯｸﾊﾟｰｶ	01314F002A 01314F002B	316-015762(44–01) 316-015762(44–02)	441	¥2848	CHINA	浅野

PATTERN No. MJK-4132

HLD/GM/OY070

MEASURING INSTRUCTION

		S	M	L	XL
AB	BODY LENGTH FRONT				
AA	BODY LENGTH BACK 后身长	68.0	71.0	74.0	77.0
AK II	SHOULDER WIDTH				
AM	ACROSS CHEST (FRONT) ( )cm				
AN	ACROSS CHEST (BACK) ( )cm				
AL	BODY WIDTH 胸围	57.0	60.0	63.0	67.0
AP	BOTTOM WIDTH 下围	55.0	58.0	61.0	65.0
DN	SLEEVE LENGTH				
DM II	SLEEVE LENGTH FM CENTRE BACK	82.5	85.0	87.5	90.0
BG	ARM HOLE (STRAIGHT) 1/2				
BH	SLEEVE WIDTH 袖肥	28.0	29.0	30.0	31.0
BK	SLEEVE HEM WIDTH	10.5	11.0	11.5	12.0
BQ	BACK NECK WIDTH (SEAM TO SEAM)				
BS	FRONT NECK DEPTH				
BT	BACK NECK DEPTH				
DH	SHOULDER SLOPE				
DT II	COLLAR HEIGHT	9.0	9.0	9.0	9.0
ER	HOOD HEIGHT 帽长	39.0	39.0	40.0	40.0
ES	HOOD WIDTH ( )cm 帽宽	26.0	26.5	27.0	27.5
①	POCKET POSITION				
②					
③					
	FRONT ZIPPER LENGTH				

CUTTING (MARKING)
ONE WAY
ONE WAY/PCE
BOTH WAY/PCE

PATTERN MATCHING
NOT REQUIRED
WHOLE BODY
FRONT PANEL
POCKET (

WAVE DIRECTION
NOT REQUIRED
GRAIN
REVERSE GRAIN

STITCHES/3CM
TOP STITCHING 11STITCHES/3cm
RUN STITCHING 13STITCHES/3cm

OTHERS
ﾌｰﾄﾞのｽﾋﾟﾝﾄﾞﾙを引っ張った時ｱｲﾚｯﾄから
ｽﾋﾟﾝﾄﾞﾙ付け布が出ない様に注意して下さい

图1–3–18

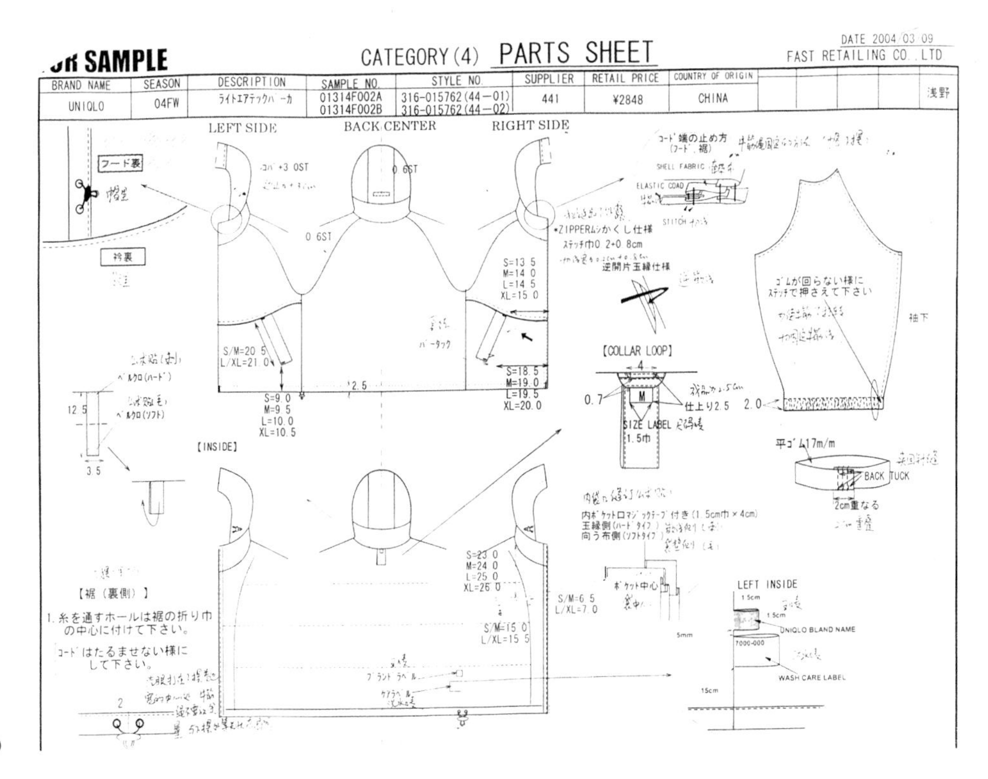

FOR SAMPLE　　CATEGORY (4) PARTS SHEET　　DATE 2004/03/09　FAST RETAILING CO., LTD.

BRAND NAME	SEASON	DESCRIPTION	SAMPLE NO.	STYLE NO.	SUPPLIER	RETAIL PRICE	COUNTRY OF ORIGIN	
UNIQLO	04FW	ﾗｲﾄｴｱﾃｯｸﾊﾟｰｶ	01314F002A 01314F002B	316-015762(44–01) 316-015762(44–02)	441	¥2848	CHINA	浅野

图1–3–19

（4）民俗服饰画。表现各民族服装风貌的民俗性插图等，往往带有明显的民族特色和区域性，见图1-3-20所示德式晚礼服(German evening gown)（图片来源：奥地利《时尚》）。

也有根据时装画的风格分为写实类、创意类、水彩类、结构式等。

1. 无色系的设计表现

无色系即黑白灰。就服装设计而言，设计师们在服装黑白灰的基础上装饰点缀金色、银色或色彩亮丽的装饰物，减弱对比过于强烈的黑白色系，使沉闷的色彩搭配变得明朗而跳跃，也可让过于艳俗的服色变得典雅、清新。著名的服装设计师瓦伦蒂诺·加拉瓦尼（Valention Garavani）在1968年举行了著名的“无色系”个人时装发布会，以极具时代感的“白色”系列震动时装界，并于同年获得时装界的奥斯卡奖——耐曼·马克思奖。这次时装发布成为他设计生涯的转折点，其简单而不失华丽的风格在他后来的作品中得到了一再的展现和延伸。

图1-3-20

无色系里的黑、白、灰历来是设计师们的“宠儿”。黑白两者是对立的，灰色游离于黑与白两色之间，但在一定条件下三者可相互转化。人们对黑白灰的认识、偏爱与感知有关，人们在时装发布会、影视宣传、购买服饰、感受群体着装等多方面刺激下，会影响对服装信息的处理，也就对服装的色彩产生了一种情感反应。对无色系服饰的体验，就是人们建立在对服饰形态的感知上通过长期的经验积累而获得的体验。

无色系的设计表现形式归纳起来有：写实风格的、创意风格的、装饰性强的等设计表现，无论采用何种设计表现，它的宗旨不外乎是对时装画面中黑白灰关系的处理，其面积大小、聚散位置的处理是无色系时装画设计表现的重要内容之一，只有熟练地掌握了黑白图形的疏密、秩序、叠透、节奏，才能表现出无色系时装画的精髓。

1.1　写实风格的设计表现

写实风格的设计表现主要以真实地反映服装的轮廓造型、款式特点为主，常使用铅笔、水笔、钢笔等工具来表现，见图1-3-21、图1-3-22所示效果图，其先通过铅笔描绘出着装的人物动态、服装的大致轮廓和局部细节，然后用水笔仔细刻画服装的结构、服饰的图案以及装饰物等，同时将画面进行概括和提炼，重点突出服装的廓型和图案，见图1-3-23、图1-3-24所示效果图和成衣的对比效果，以及图1-3-25所示黑白时装插画。

图1-3-21

图1-3-22

图1-3-23

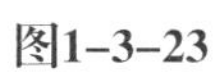

图1-3-24

图1-3-25

图1-3-26

图1-3-27

图1-3-28

1.2 装饰风格的设计表现

装饰风格的设计表现是以夸张人物动态、造型别致的装饰纹样为主的设计创作，采用水彩、水粉、水笔为主要创作工具，见图1-3-26、图1-3-27所示装饰效果明显的时装画。

1.3 写意风格的设计表现

写意风格的设计表现是对人物、服装以高度概括、简洁的表现手法来表现设计师的理念，见图1-3-28所示礼服的设计表现。

1.4　多种风格的设计表现

多种风格的设计表现是采用夸张变形、写意、装饰等多种手法的综合设计表现，见图1-3-29所示以瓷器的装饰纹样和轮廓造型为设计元素的时装画，以及图1-3-30所示以植物花卉为设计灵感的时装插画。

图1-3-29

图1-3-30

2. 有色系的设计表现

伟大的物理学家牛顿用三棱镜揭示了“没有光，便没有色彩”这一伟大理论，再通过二次折射产生了“七色光”。色彩是最先进入人们视线的，人们通过视觉器官感知色彩的色相、明度、纯度，再经过心理感知表现出色彩的轻重、冷暖、喜好和厌恶。就时装画而言，色彩的搭配、材质的表现、画面的组合都有一定的规律可循。

首先，要把握设计表现中的色彩组合。色彩搭配中最简单和有效的搭配规律是同类色、邻近色的搭配，其色相接近，如果明度和纯度较低，色彩就显得柔和、平稳，相对比较容易出效果；而色相较饱和、对比度强的色彩，往往热情而富有生气，较难把控。

其次，要体现面料肌理的质感。在服装品牌设计与市场营销中，大部分消费群体的消费来自于对面料的抉择，由此可以看出服装的色彩与面料的肌理、质地有着密不可分的关联，一旦改变了面料的肌理、质感，色彩的感知也随之发生根本性的改变。例如同为一种棕色，用在丝质面料衣服上带给人以高贵、柔软、飘逸的气质，用在亚麻布服装上给人以原始、自然、休闲的田园之感，而用在皮革上服装则给人以粗犷、前卫的感觉。

最后，是人物优美动态的展现。优美的人物动态能更好地表现服装的各部位造型、纹饰图案和服装的材料。由于着装的人体总是活动的、立体的，服装也处在某一立体的环境中，因此，还需协调服装色彩与周围环境色彩之间的互衬互补。

2.1 铅笔淡彩的设计表现与视觉效果

使用铅笔勾勒出着装人物的动态、服装的结构和装饰的物品，然后在铅笔稿上用水彩层层着色，见图1-3-31、图1-3-32所示《人比花娇》的铅笔效果作品，接着采用局部着色的方式，着重头部配饰花卉的细节和色彩表现，使服饰面料的黑白纹饰与头部的装饰花卉上下形成强烈地对比，突出画面的清新与唯美，见图1-3-33所示完成局部着色的效果和图1-3-34所示综

图1-3-31

图1-3-32

图1-3-33

图1-3-34

合设计的时装插画效果。再例如：图1-3-35~图1-3-41《满园春色》的设计创作，创作方法和表现手法同上，见图1-3-35、图1-3-36所示铅笔效果图表现，图1-3-37、图1-3-38所示局部水彩着色细节表现，图1-3-39、图1-3-40所示完成的时装插画整体与局部的效果，以及图1-3-41所示时装插画《满园春色》。

图1-3-35

图1-3-36

图1-3-37

图1-3-38

图1-3-39

图1-3-40

图1-3-41

2.2　彩色铅笔的设计表现与视觉效果

彩色铅笔的设计表现与铅笔淡彩的设计表现比较接近，只是整个画面是以彩色铅笔为主，先使用铅笔绘出人物的动态和服饰，见图1-3-42、图1-3-43所示时装画的铅笔草图，然后在完成铅笔草图的基础上用彩色铅笔着色，首先从局部着色开始，需要注意色彩的面积和位置，见图1-3-44~图1-3-47所示局部细节着色的效果，以及图1-3-48、图1-3-49所示彩色铅笔的时装插画。

图1-3-42　**图1-3-43**　**图1-3-44**

图1-3-45　**图1-3-46**　**图1-3-47**

图1-3-48

图1-3-49

2.3　水彩效果的设计表现与视觉效果

先用铅笔在水彩纸上画出时装插画需要表现的着装人物、服装、背景等，再用水彩颜料在草稿图上着色，见图1-3-50、图1-3-51所示铅笔草图，接着采用由浅入深的方式局部层层着色，要着重表现人物的动态和色彩，见图1-3-52、图1-3-53所示局部着色的完成效果，以及图1-3-54作品《花中人》和图1-3-55作品《遗世而立》所示以水彩为表现手法的时装画。

图1-3-50

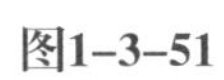

图1-3-51

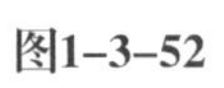

图1-3-52

图1-3-53

图1-3-54

图1-3-55

2.4　综合材料的设计表现与视觉效果

服装设计中常常在一张画面上有两种或多种表现手法的综合运用，它不仅能较好地再现服装的材质肌理、服饰色彩，更丰富了时装设计表现的艺术语言和其表现方式。同样是先用铅笔描绘出着装人物的动态，见图1-3-56所示完成草稿，再使用水笔和马克笔层层着色，见图1-3-57所示完成局部着色的效果和图1-3-58所示麦克笔效果的时装插画，图1-3-59所示水彩与彩色水笔效果的时装插画，图1-3-60所示马克笔与实物花瓣组合而成的的时装插画，图1-3-61、图1-3-62所示水粉颜料为主的时装插画（作者：刘刚），图1-3-63所示丙烯颜料为主的时装插画，图1-3-64~图1-3-67所示创意类时装画。

图1-3-56

图1-3-57

图1-3-58

图1-3-59

图1-3-60

图1-3-61

图1-3-62

图1-3-63

图1-3-64

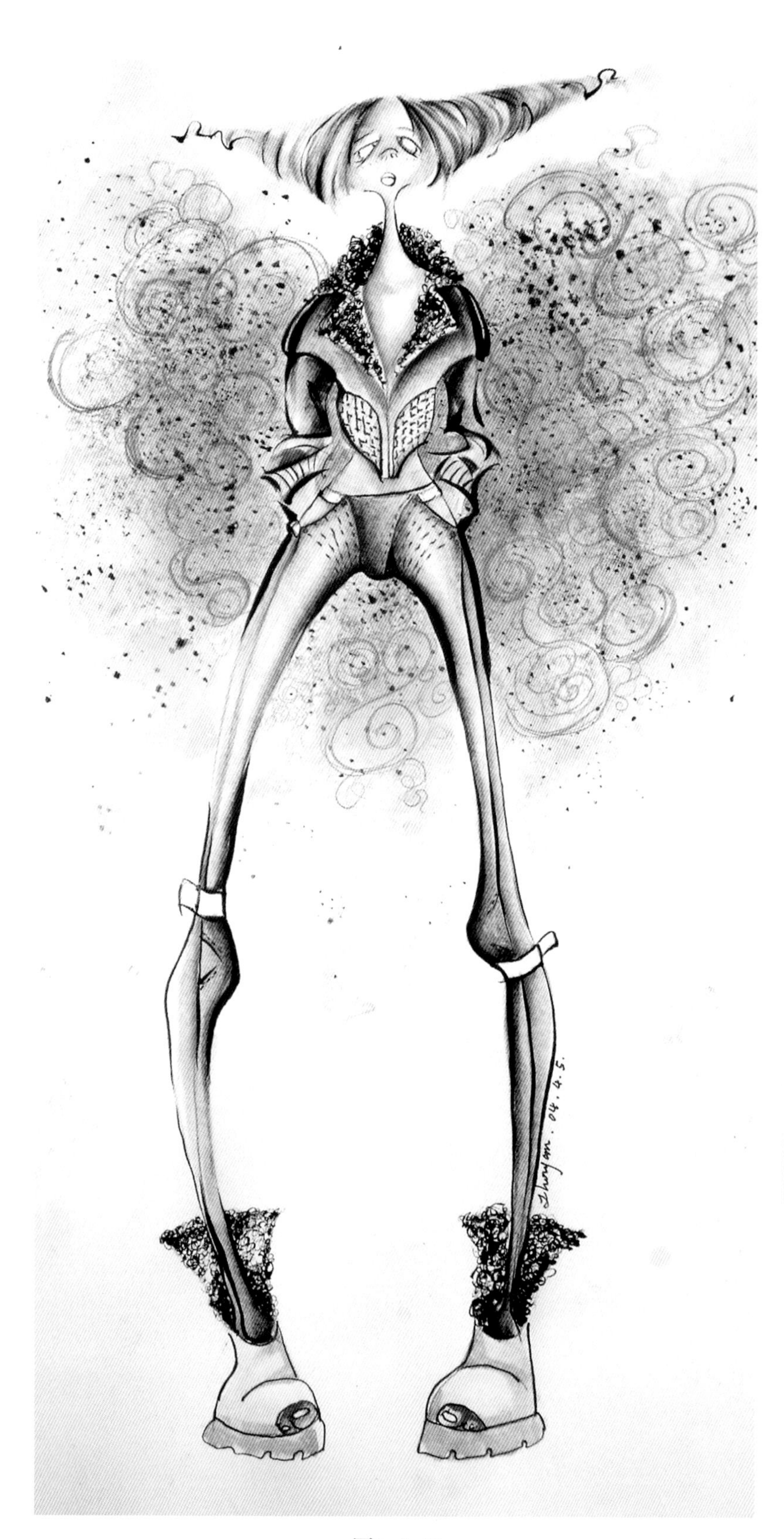

图1–3–65

图1–3–66

图1–3–67

2 第二章 女衬衫的设计与制作技术

第一节　女衬衫的变款设计

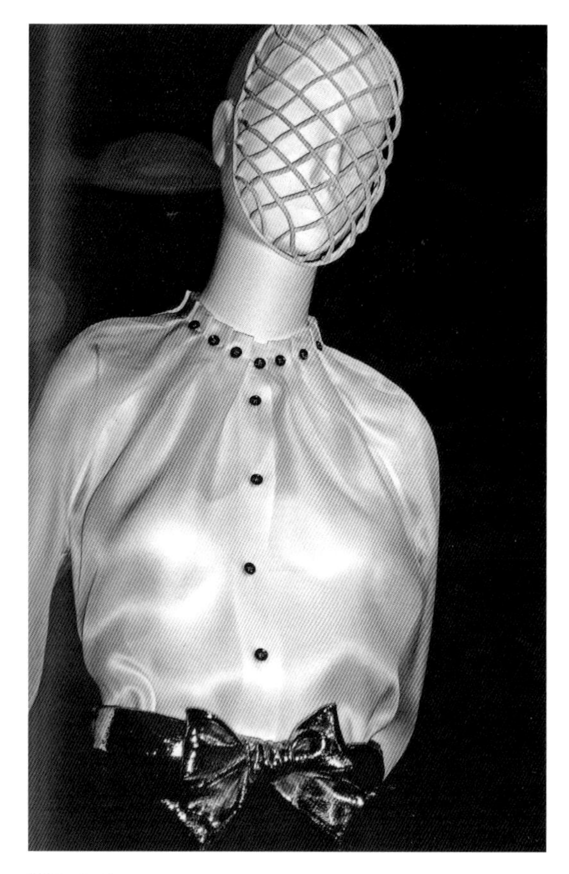
图2-1-1

图2-1-2

常言道“细节决定成败”“于微处见精神”。设计师固然要整体把握服装的造型、色彩及面料的选择，但一旦确定了服装的定位、材料、结构后，设计师就要开始考虑服装的细节设计了，细节的设计可以对服装的局部设计进行调整，从而确保整个系列服装在设计风格上保持一致。在美学原理上阐述了局部与整体之间关系的理论研究相对较多，设计师们在个人的时装发布会上也不断地权衡这两者之间的关系，就像许多设计师称“细节像魔鬼般存在”，因为在整个设计过程中，细节是最难决定的，也是最富挑战的设计，因此真是正细节之处最能彰显设计师的风格。

在低调的服装上如果在某一部位装饰上精巧显眼的或前卫夸张的饰品，立刻成为整件服装的点睛之笔。尤其在日常休闲衬衫的设计中，常依靠一些部件的位置、形状、大小的变化而产生令人有耳目一新的感觉。往往一个衬衫领子造型的创新设计，顿时让一件普通的衬衫成为时尚流行品而让消费者欣然解囊，成为市场的畅销产品。因此，对服饰一切细枝末节的精细设计，可以增加服饰风格的多元化，提升服饰品位，见图2-1-1所示Victor & Rolf设计的白色衬衫（图片来源：美·时装设计100个创意关键词），衬衫领口的褶皱和黑色钮扣设计，与白色的缎纹面料形成强烈的对比，顿时让它变得与众不同。

服装的设计，设计师更应该注重细节处的微妙设计，细节是发挥原创设计的重要部分，是区别于其他品牌服饰的标志，更是实现自我成功的秘诀所在。男女服装中领子的地位独领风骚，例如中国传统的中式立领，在现代服饰潮流中一枝独秀，在男女各类服饰中频频出现，受到全世界时尚人士的喜爱和追捧。领子的样式根据其结构、制作工艺的不同，分为西装领、立领、翻领、无领等，其除了技术结构上的变化外，领面的大小、宽窄及领角的锐钝，都会给设计带来新的创意。

在设计女衬衫时，因衬衫的基本形态、用途、制作方法等的不同，各类衬衫也表现出不同的风格与特色，女衬衫的造型也变化万千，十分丰富。在此基础上，还应根据着装者的脸型、体型和需求而进行设计，见图2–1–2所示乔治・阿玛尼（Giorgio Armani）的套装设计中衬衫的搭配（图片来源：奥地利・时尚）。

一、无领式女衬衫的造型设计

无领式女衬衫的造型设计，应依据人体的颈部结构而设计。颈部上端与头部相连，下端连接躯干，其结构正面为上细下粗的圆柱状，侧面颈部向前呈倾斜状，与躯干连接的剖面为桃形。由于身体是一个有起伏的曲线状，且头部与颈部呈倾斜状，从而决定了上衣前后领口、袖子、衣身等都具有一定的弧度，尤其是衬衫的领口弧线设计要符合颈部向前倾斜的需要和颈部活动的需要，见图2–1–3、图2–1–4所示领口弧线的设计效果。

图2–1–3

图2–1–4

领型分为无领和有领两种，以此分类依据可以把衬衫简单地归类为有领衬衫和无领衬衫，见图2-1-5所示普通的无领衬衫设计和图2-1-6所示无领衬衫的变款设计。无领的塑型是以领口弧线为基准设计，设计注重弧线的造型变化、穿着使用功能，以及领口与衣身的创新设计。通常采用不同材料的拼接组合、装饰嵌条的不对称设计和多重材料层叠的节奏变化来体现无领衬衫的设计魅力，见图2-1-7、图2-1-8所示无领衬衫的创新设计。

图2-1-5

图2-1-6

图2-1-7

图2-1-8

图2-1-9

二、有领式女衬衫的造型设计

有领衬衫包括关门领衬衫和开门领衬衫两类，领子是女衬衫的主要部件之一，也是最易吸引人们视线的部位，千变万化的领子造型，与脸型的关系十分密切，两者相互影响、相互衬托。因此，在进行领子造型设计时，其结构功能都是以领圈为基准线，领子的内领口弧线必须与领口弧线相吻合，不仅要注意颈部的结构特点，更不能忽略领型与着装者的脸型、风格及整体搭配之间的关系，见图2-1-9、2-1-10所示整体着装的效果。

图2-1-10

人脸往往是视觉的中心，也是全身最引人注目的焦点，从一个人的脸部容貌、神情举止和着装方式可以判断出这个人的性格特征、兴趣爱好、生活品味，画龙点睛的领型设计可以给消费者留下深刻的印象，如图2-1-11所示经典的衬衫设计和图2-1-12所示有领衬衫的变款设计。

在设计衬衫领型时，脸型较丰满的圆脸，可采用狭长的青果领、西装领；反之，较瘦长的脸型，可采用翻领或多层领来弥补脸型过长的缺陷。总之，采用一些与脸型相对比的衬衫领子，可扬长避短，更好地突出穿着者的自身优势，如图2-1-13、图2-1-14所示时尚衬衫的设计（图

图2-1-11

图2-1-12

图2-1-13

图2-1-14

图2-1-15

片来源：美《时装设计100个创意关键词》)。

21世纪最伟大的时装设计师之一约翰·加利亚诺(John Galliano)曾在他的“Les Incroyables”系列中专门有一款衬衫的设计，即女性身穿贴身长裤和宽松面质薄纱衬衫，并在脖子上系上宽大领巾的设计，它以戏剧性的变化和浪漫主义情调征服了观众，也由此成功展现了新的宽松造型。此外，各类衬衫的造型与领型都具有其不同的性格和表达：立领衬衫显得庄重、典雅，西装领衬衫则显得潇洒、大方，而各种装饰领则显得华丽、优雅、高贵等，见图2-1-15、图2-1-16所示有领衬衫的创意设计。

图2-1-16

三、变款女衬衫的造型设计

在女衬衫的设计创作中，作为服饰设计三大元素之一的造型，通过点、线、面、体设计原理来表现衬衫的外部轮廓、形象特征，利用服饰设计中各种特有的形状、体积、色彩、样式、性能等，以领子、袖子、门襟等造型元素，向消费者展示衬衫的特点，如图2-1-17所示柔和色彩的衬衫和图2-1-18所示对比度大的衬衫。

设计师们通过对设计元素的精心排列，控制衬衫的尺寸、颜色，在衬衫上形成一定的节奏和韵律，提高服饰的感染力，加深消费者对服饰的了解，它依靠视觉感受、触觉体验、品牌信誉等与消费者建立起广泛的沟通关系，是服饰的"门面"和消费者购买的向导。因此，造型设计在女衬衫的设计中显得尤为重要，如图2-1-19所示女衬衫的设计及图2-1-20~图2-1-22所示变款女衬衫的系列创意设计。

图2-1-17
图2-1-18

图2-1-19

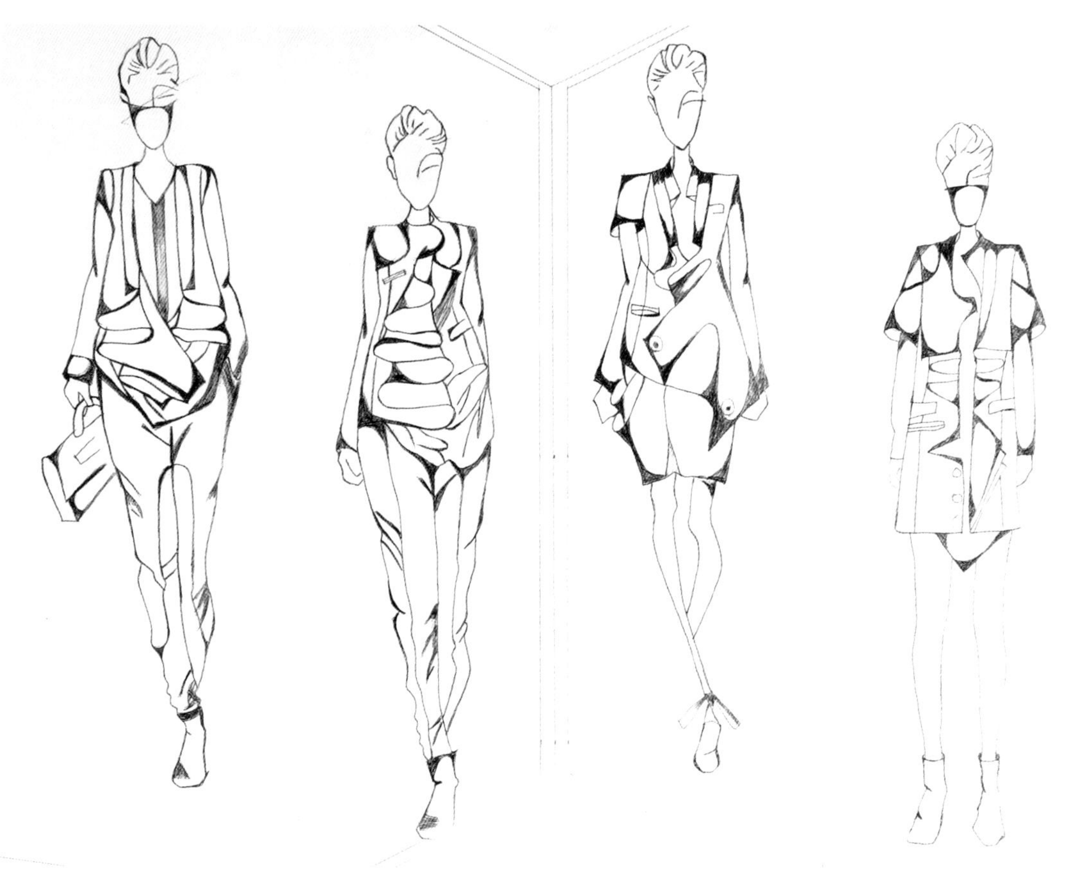

图2-1-20

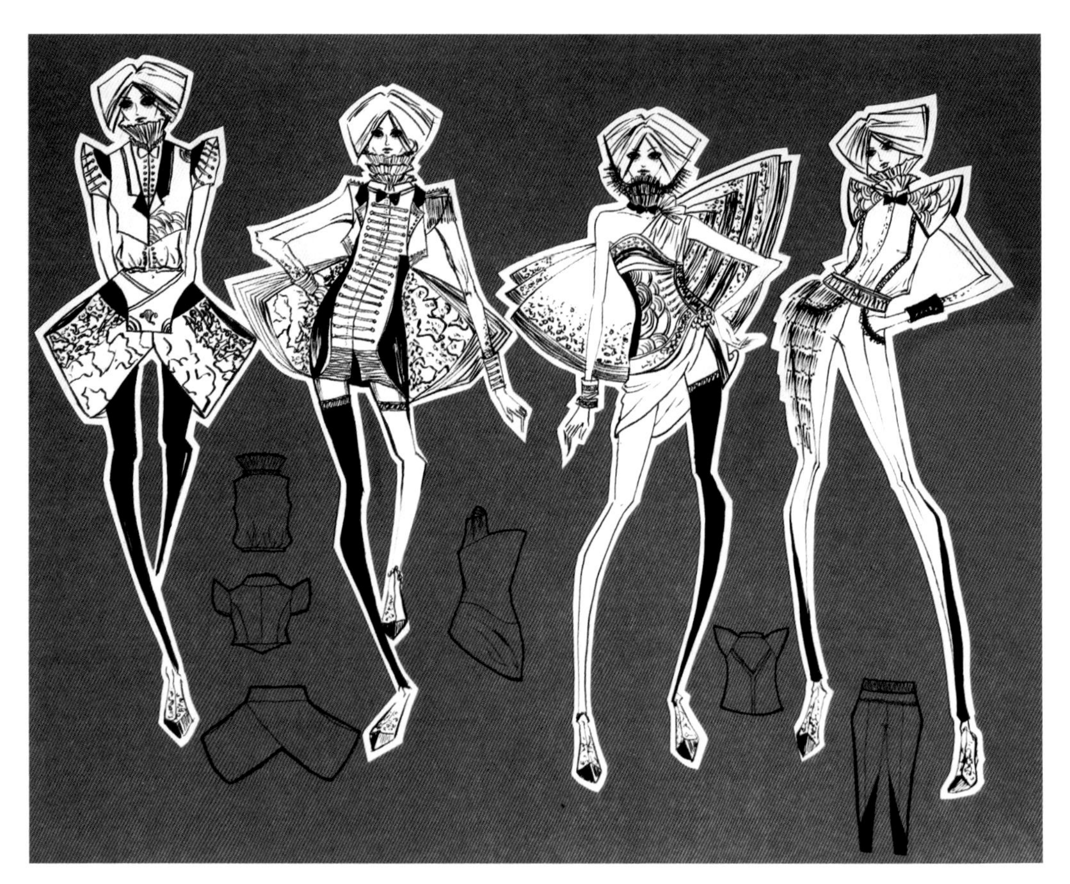

图2-1-21

图2-1-22

第二节　褶裥式女长袖衬衫的制作工艺与技术

一、褶裥式女长袖衬衫的造型特点

褶裥式女长袖衬衫的造型特点：男式衬衫变款小方领，右门襟6粒扣，前后塔克裥“A”字型长袖衬衫。衣身结构：外部轮廓呈A字型式长袖衬衫，前后左右各有3条塔克裥，下摆呈直摆缝，一片式袖，一字袖开衩，装直头袖克夫。

褶裥式女长袖衬衫的结构解构：面料部件领面、领里各一片，领底面、领底里各一片；两片前衣片，一片后衣片，门里襟各一片；两片袖片，两片袖克夫，两片一字袖衩条。辅料部件领面、领里衬各一片，领底面、领底里衬各一片，门里襟衬各一片，袖克夫衬两片，钮扣6粒，见图2-2-1所示褶裥式女长袖衬衫的结构款式图。

图2-2-1

二、样板整理与质量要求

1. 样板整理

样板的制作与整理是设计师实现创作构思的桥梁和通道，也是服装设计从平面到立面转化的重要环节。根据服装设计的款式造型和工艺设计，采用立体裁剪或原型裁剪的方法绘制基型母版，通过单件样衣的制作来验证生产成衣的基本型母版，再一次修正基型母版，技术部门也由此通过推档制作出系列号型样板，同时设计出相应的生产工序，并制定生产工艺制造单、产品缝制标准等生产技术文件。因此，设计绘制基本母版是工业化大生产的首要步骤，梳理样板可保证工业大生产的有序、规范和有效。

2. 质量要求

领子工艺质量要求：衬衫领左右花型（对格对条）保持对称，翻领有窝势且两角长短一致；领面外观平服，无起泡、起皱；领子单止口缉线顺畅，无接缝、无滑口、无脱针。门襟工艺质量要求：门里襟左右宽窄一致，门襟装领止口处平直，无歪斜、无长短。袖子工艺质量要求：袖山饱满圆顺，山头吃势均匀，左右袖克夫、袖衩长短与宽窄一致，缉线无毛脱。整烫工艺质量要求：成品外观平整、美观，无污渍，无极光。

3. 制作前准备

配衬黏衬的准备：采用热熔胶涂层为聚酰胺的黏合衬，将领面领里、领底面领底里、袖克夫、门里襟分别黏上30g的无纺衬。无论是有纺衬还是无纺衬都带有一定的丝缕方向，建议在黏合部件时，让裁片与衬保持同一丝缕，避免不同材质的不同拉伸度给缝制带来工艺上的难度。熨斗黏合裁片时，先根据裁片或纸样修剪多余的黏合衬，见图2-2-2所示修剪多余的黏合衬，再将有热熔胶的一面与裁片反面相对，加热黏衬熨烫过程中，要求裁片表面不起泡、不涟漪，见图2-2-3、图2-2-4所示黏合衬的加热加压加时工序。

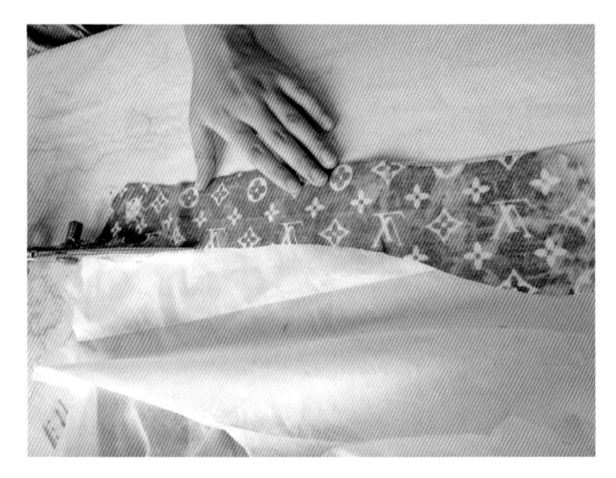

图2-2-2

图2-2-3

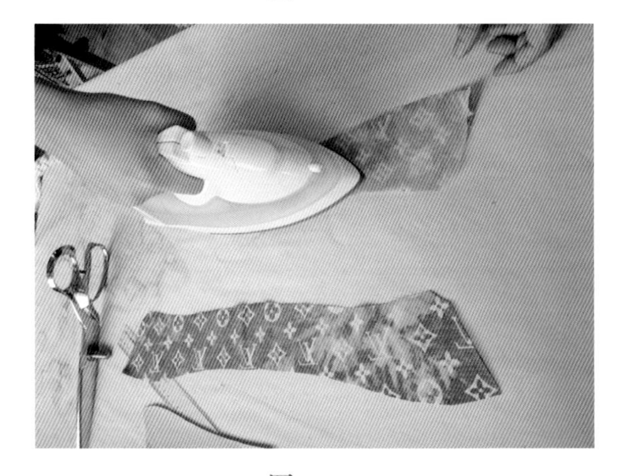

图2-2-4

准备缝制的定位标记：在生产企业常用划粉、锥子、剪刀等工具，在裁片上做缝份标记、定位标记，而重要精细部件的定位常用铅笔标注记号。褶裥式女长袖衬衫的关键部位是男式衬衫领，在标注缝制标记时，用铅笔沿净样板画出领座的缝迹线，见图2-2-5所示。接着，用镇纸压住净样板和裁片，固定两者的位置不移动，见图2-2-6所示，最后用铅笔仔细标出领子细节部位的缝迹线，见图2-2-7所示。

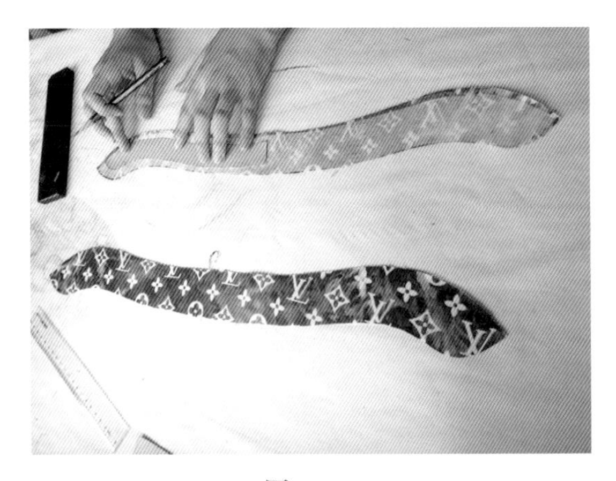

图2-2-5

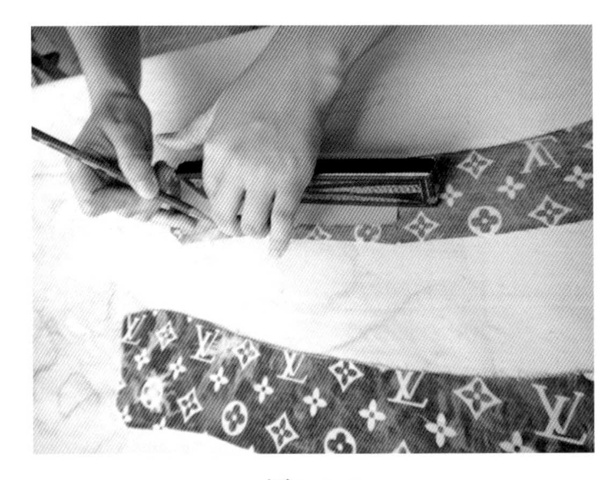

图2-2-6

图2-2-7

三、褶裥式女长袖衬衫的工艺流程

单件制作工艺流程：裁剪做缝制标记→黏衬→烫做前后塔克裥→烫并做门里襟→拼肩缝并拷边—缝合前后侧缝并拷边→烫做领→覆领→做一字袖衩条袖→做袖与装袖→卷底边→锁眼、钉扣→后整理。

缝制工序分解示意图（图2-2-8）：

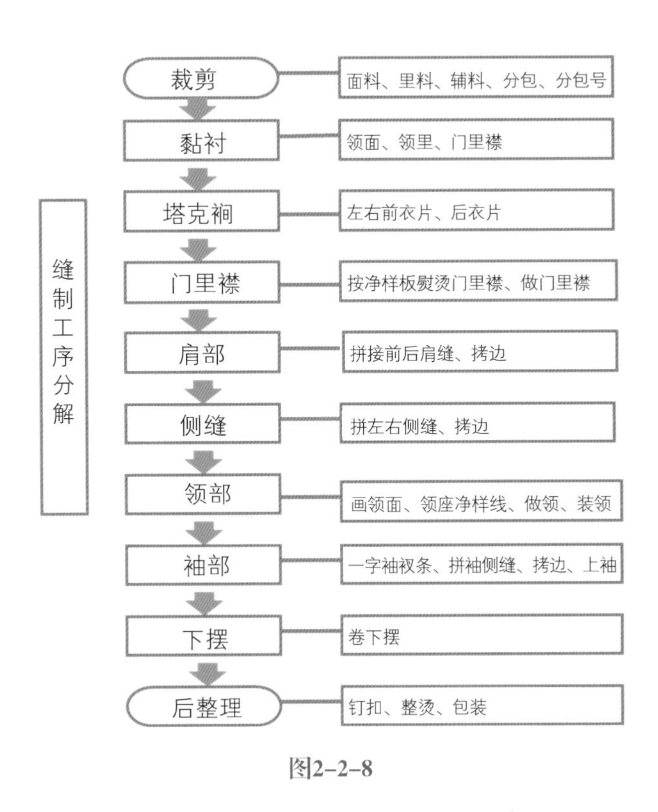

图2-2-8

四、局部细节缝制工艺

1. 前后塔克裥的细节工艺

褶裥作为典型的细节设计手法之一常在现代女装出现，其形式多种多样，按外观形式可分为规则和不规则褶皱，而塔克裥则是规则褶裥中的一种。塔克裥是通过对面料有序的、定量的压缉、打皱、拧转等技术处理，改变面料的外观肌理，增强面料规则的立体效果。

第一步，做塔克裥。用划粉在前后裁片上标出塔克裥的位置、数量、大小，然后面料反面相对，根据款式结构的需要，按标记在正面压缉0.5cm的缝迹线，依次分别为左右前衣片各3片，后衣片6片。见图2-2-8、图2-2-10所示正面依次压缉塔克裥。

第二步，熨烫塔克裥。将前衣片做好的塔克裥，纵向依次从肩缝往下摆方向，横向由前中心向外侧缝熨烫。同样，后衣片的塔克裥也是如此，塔克裥的倒向是向侧缝两边熨烫，见图2-2-11所示。熨烫的准确方法是左手按于塔克裥的两侧，拇指和中指将塔克裥弹开，再用熨斗烫平压死，见图2-2-12所示。

第三步，整理塔克裥。在完成塔克裥直线缉线的基础上，双手捋顺胸腰线以下的活裥，见图2-2-13所示调整裥量大小，接着一边是左手捏住肩上塔克裥，一边是右手持熨斗喷蒸汽到腰下活裥，见图2-2-14所示熨烫前衣片塔克裥。

图2-2-9

图2-2-10

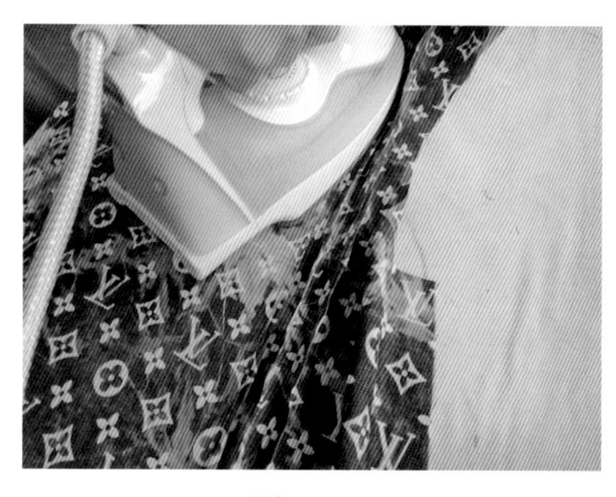

图2-2-11

图2-2-12

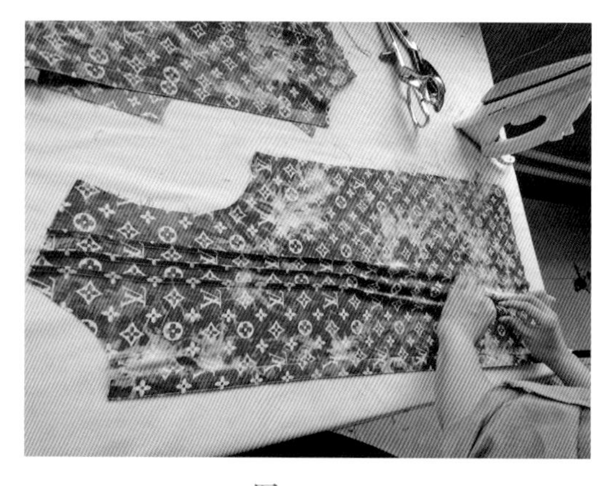

图2-2-13

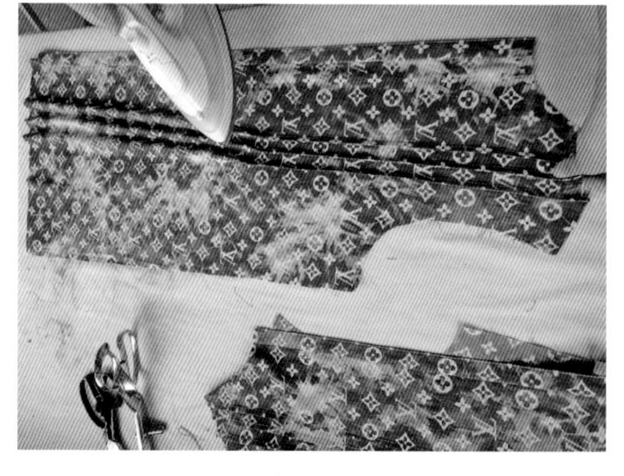

图2-2-14

第四步，检查缝制质量。将完成缝制的前衣片对合，检查左右塔克裥的位置、大小及缝迹线是否顺直，无拼接线；裁片外观整洁，无极光、黄斑等质量问题，见图2-2-15、图2-2-16所示塔克裥的装饰效果。

图2-2-15

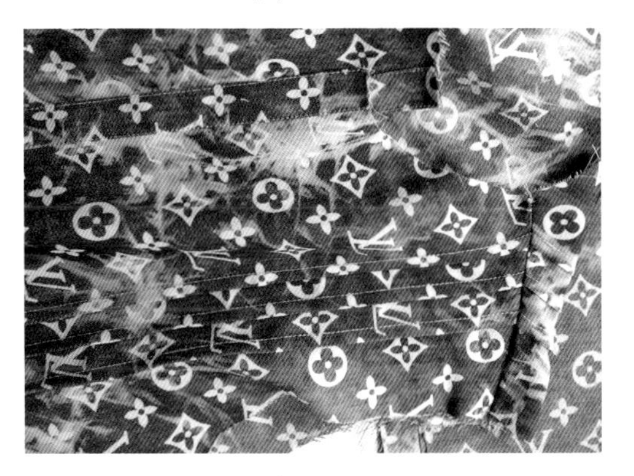

图2-2-16

2. 门里襟的细节工艺

先将熨斗的温度调至烫棉布状态，然后将裁片的左右两侧分别向内熨烫1.0cm缝份，并烫平压死后，再对折烫出宽为2.0cm的门里襟，见图2-2-17所示翻折扣烫门襟。也可直接使用门里襟的净样板，根据样板连续翻折熨烫。

在完成门里襟的熨烫工序后，右手打开门襟夹层，左手将前衣片送入门襟夹层一起置于缝纫机压脚下。在缝制过程中，缝纫机齿与面料之间存在一定的摩擦力，所以在机器运送布料时应采用“面松里紧”的方法，即上一层布料适当松一些，下一层布料拉紧些，使得两层面料的张力保持一致。同时双手不断重复上述动作，轻压门襟两侧，压缉0.1cm单止口，见图2-2-18所示压缉门襟内侧止口，见图2-2-19所示压缉门襟外侧止口。门里襟的品质是评判衬衫优劣的重要部位之一，因此门里襟的缝制质量直接影响产品的品质， 见图2-2-20所示门里襟缉线效果。

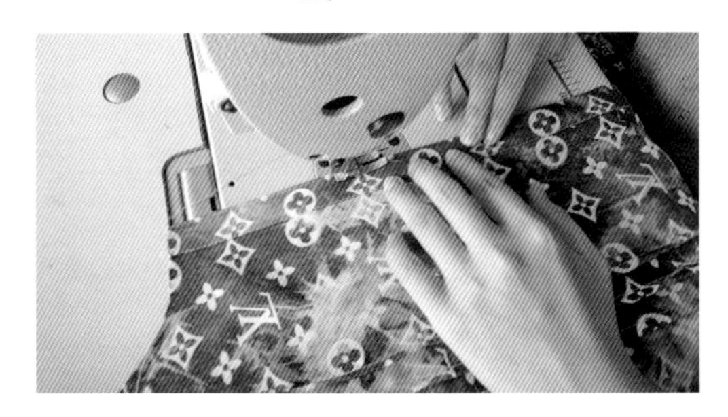

图2-2-19

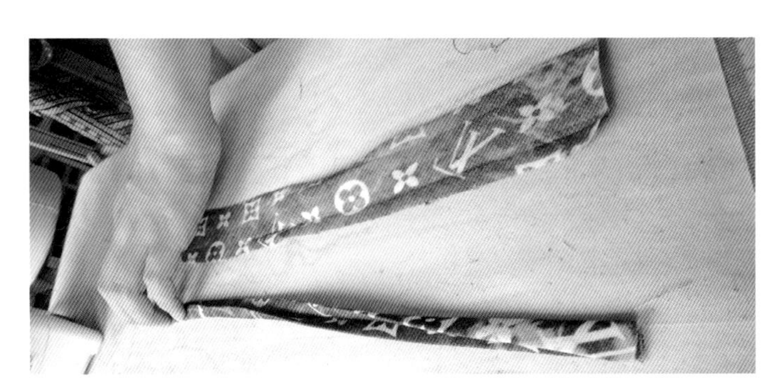

图2-2-17

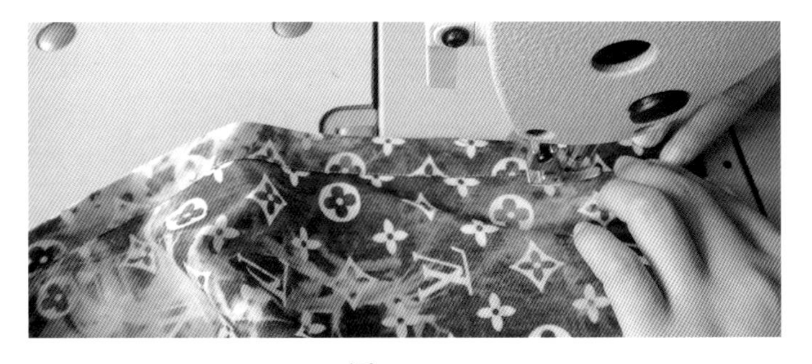

图2-2-18

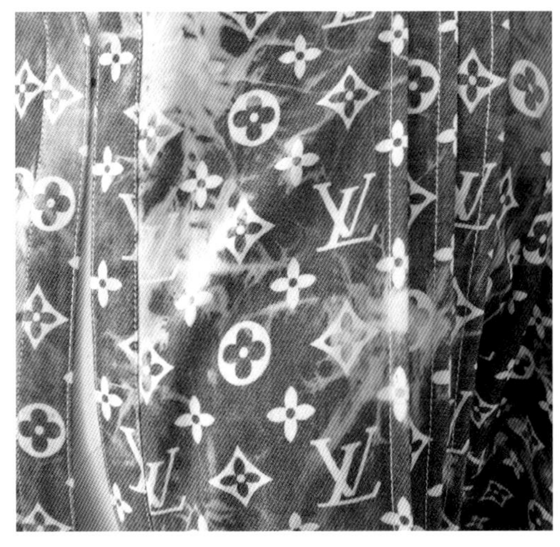

图2-2-20

3. 一字袖衩条的细节工艺

一字袖衩又称直袖衩，因其制作方便简洁，造型又不失美观，而成为女式服饰中较普遍的开袖衩方式。其制作步骤：先将袖衩条两边缝份翻转扣烫0.6cm，见图2–2–21所示，再对折袖衩条，形成袖衩面与袖衩里0.1cm的错位，见图2–2–22所示袖衩条的里外匀。接着，剪出袖口开衩位置，将袖子夹入袖衩条五层一起压缉0.1cm单止口，一气呵成完成袖衩条的缉线，见图2–2–23所示夹装袖衩条、图2–2–24所示压缉袖衩条单止口。

线迹运行至袖衩180° 的角尖点（食指位置）时，缝份不能多也不能少。缝份多了袖衩正面出现褶裥，缝份少了袖衩正面脱针，见图2–2–25所示检查袖衩转角缝迹线。然后，在袖衩转角处封三角约0.6cm，封三角的宽度不能超过袖衩条的缝迹线，见图2–2–26所示封袖衩三角。

图2–2–23

图2–2–24

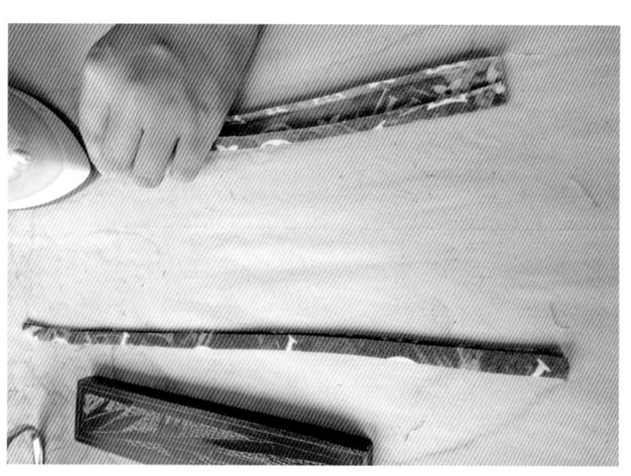

图2–2–21

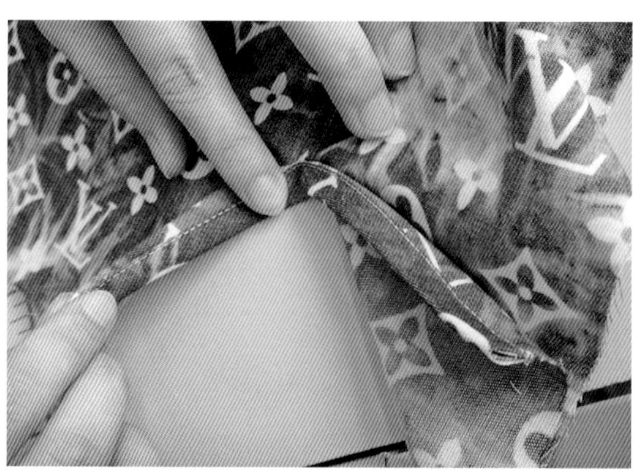

图2–2–25

图2–2–22

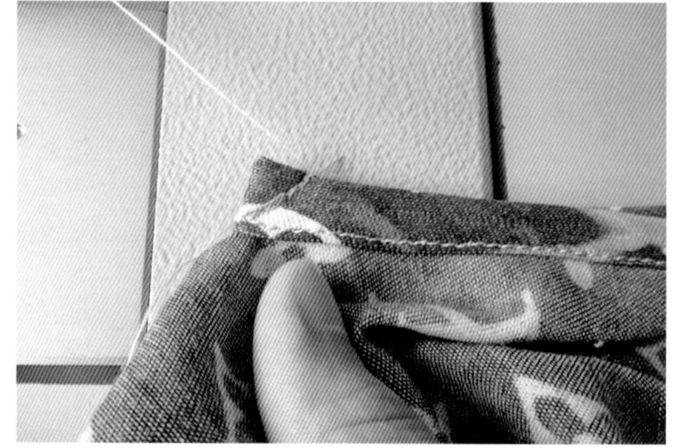

图2–2–26

最后，将一片袖的大袖片位置的门襟袖衩翻折向里放平，压缉0.5cm固定在袖口边缘，见图2-2-27所示固定袖衩条止口，图2-2-28所示一字袖衩条的正面效果。

4. 做领与复领的细节工艺

扣烫领座：沿净样板扣烫领座面的领口弧线1.0cm，顺势从左向右熨烫，将缝份压死、烫平，见图2-2-29和图2-2-30所示扣烫领座弧线，另一片领座里不用扣烫领口弧线，只需在领座净样板的基础上留出1.0cm的缝份即可。同时，在领座的上口弧线标出领中、装领面止口位置；在领座的下口弧线标出后中、左右肩颈点的“三眼”位置。

压缉领面：将两片几何形领面裁片正面相对，沿着标出的领面造型压缉其外延弧线，压缉领角时，面松底紧，让领面在缝制中有微量的吃势，形成一定的窝势，领角面就有了自然卷曲，见图2-2-31所示压缉领面弧线。接着，顺着领面的造型，沿缉线边缘留出0.3cm缝份再剪去多余的缝份，见图2-2-32所示修劈领面的缝份。

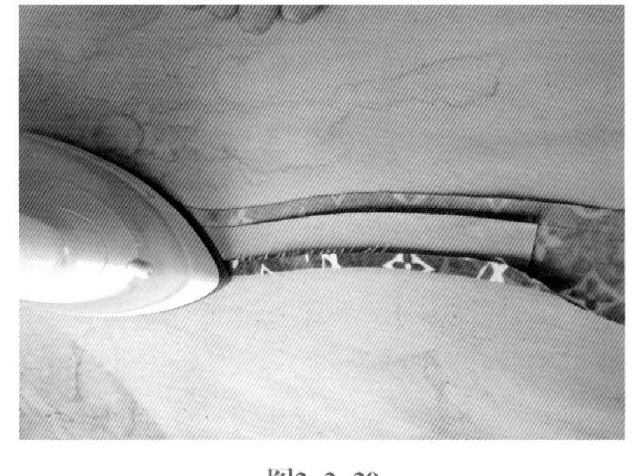

图2-2-29

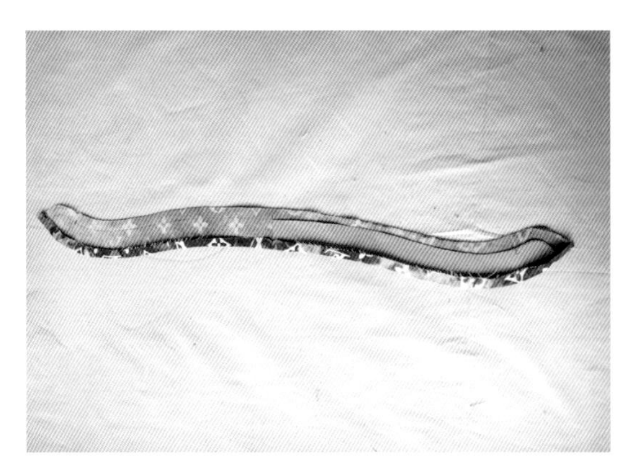

图2-2-20

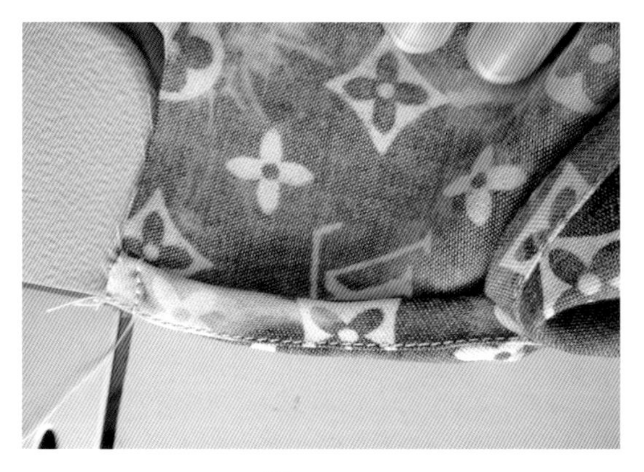

图2-2-27

图2-2-31

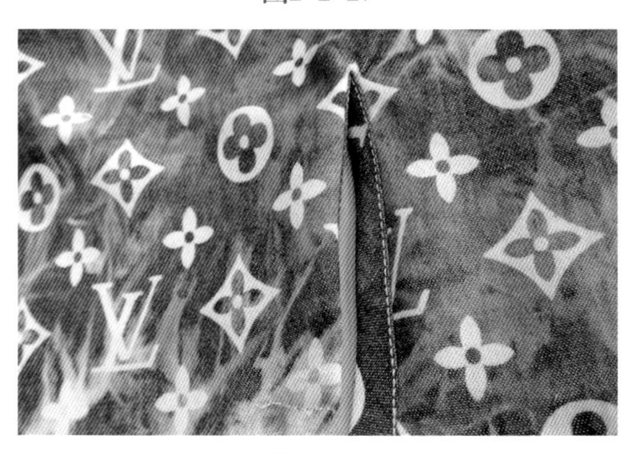

图2-2-28

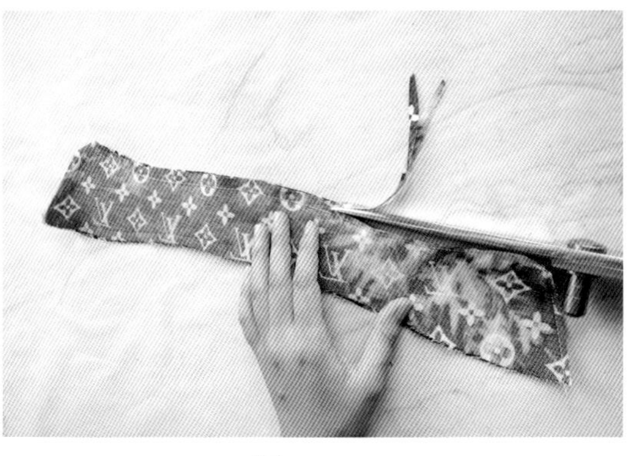

图2-2-32

翻领与扣烫：修剪领尖处缝份至0.2cm，将缝份烫成倒缝，接着用镊子夹紧领尖处，直接翻转领尖角，见图2-2-33所示镊子夹翻领角，但针对尖而细的领子造型，也可使用领尖夹缝线段的方式翻转领尖。然后，用镊子将领角顶尖、翻平，见图2-2-34所示镊子翻顶领角的方法。

完成领面的缝制与翻转后，用手指捻出领面外弧线的里外匀，不能出现止口反吐的现象，见图2-2-35所示熨烫领面里外匀。熨烫领面还有一个重要细节是：沿着熨斗边缘，利用熨斗温度将领角烘成微微的上翘弧度，见图2-2-36所示领角起翘。最后，沿领面压缉0.1cm单止口，完成领面的制作。

缝制领子：将修整好的领座两两相对，先按领座净样标记线做左右领座的圆头，见图2-2-37所示压缉领座圆头，再将领面夹入两两相对的领座中，沿领座上口净线四层一起缉线，见图2-2-38所示领座与领面的缝合。注意缝制领子时“三眼”对齐，即领面后中心点、左

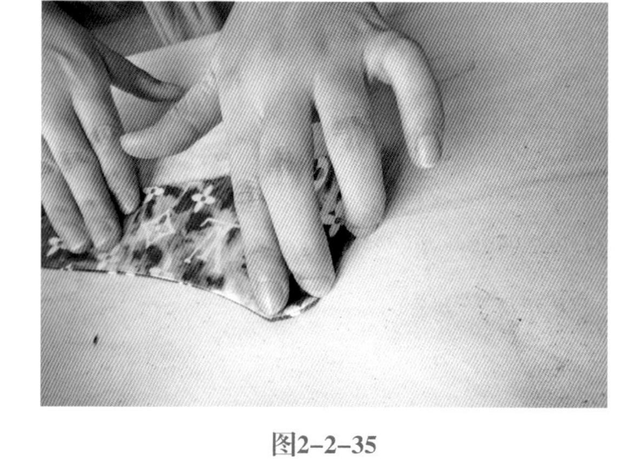
图2-2-35

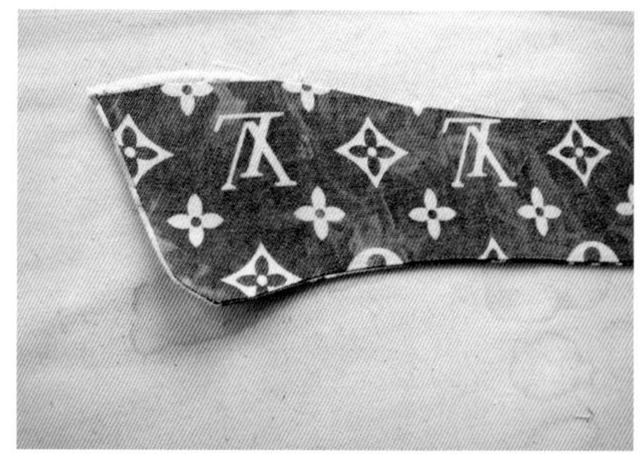
图2-2-36

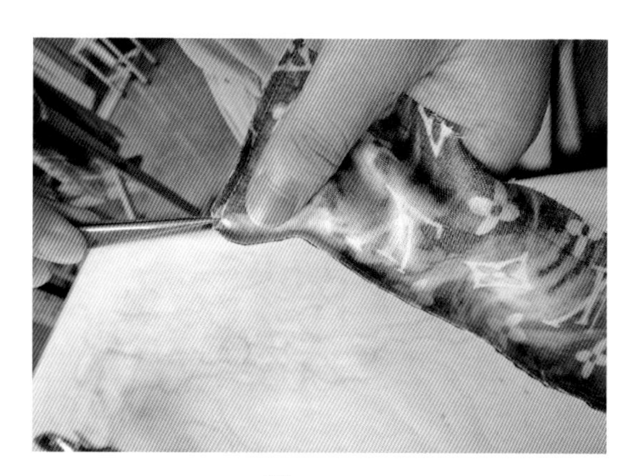
图2-2-33

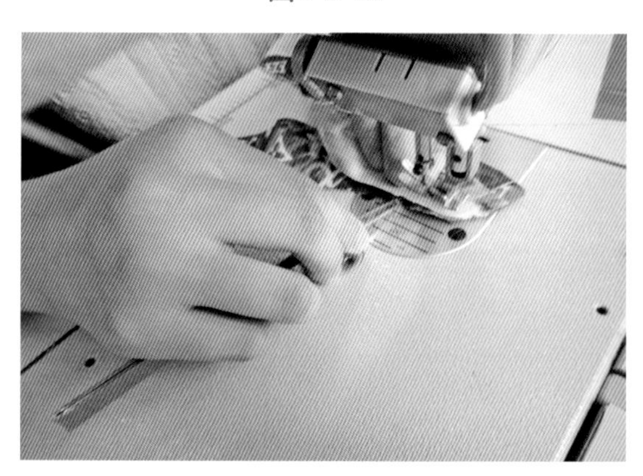
图2-2-37

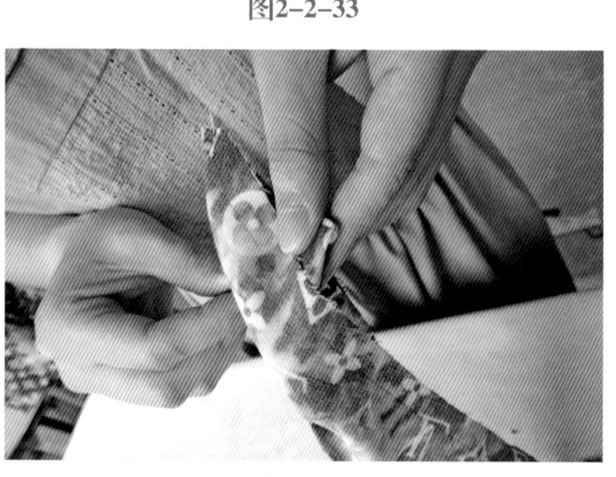
图2-2-34

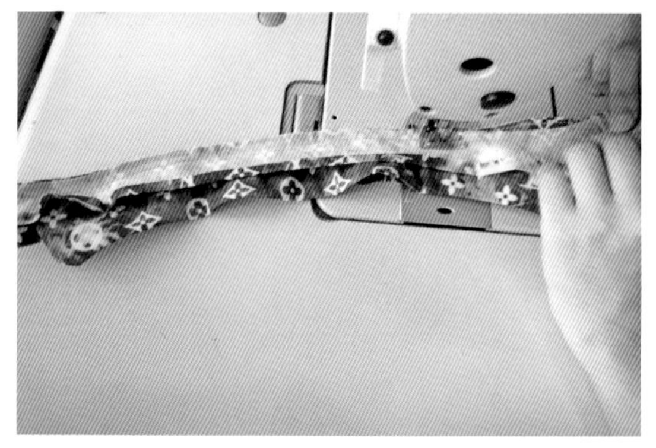
图2-2-38

右装领面起始点，以此保证领子左右的对称性。

复合领子：用大拇指顶住领座圆头，熨烫领子时止口不反吐，领座圆头圆顺，见图2-2-39所示熨烫领子。接着采用“反装正缉”的方式复合领子，即领座里的正面与大身领口弧线正面相叠，复领缉线从左肩点至后中心点至右肩点的顺序“三眼”对齐，见图2-2-40所示复合领子。通常领子的下口弧线比大身领口弧线略大0.3cm左右，上领缉线时至肩点处，需将衣身的领口弧线适当拔出，将领子的余量在此处解决即可，但衣片领口的其他部位因都为斜丝缕，易拉伸，所以缝制时需做适当的归拢。

图2-2-40

五、组合装饰缝制工艺

1. 肩与侧缝的组合工艺

先将前后肩正面相对，对齐前后塔克裥，压缉1.0cm缝份并拷边，拷边时前肩在上后肩在下，缝份倒向后衣片，见图2-2-41所示对合肩缝塔克裥。接着，将前后衣片的左右侧缝正面相叠，对齐上下止口，压缉1.0cm缝份并完成拷边。同样，拷边时前衣片在上后衣片在下，侧缝倒向后衣片，见图2-2-42所示拼侧缝并拷边。

图2-2-41

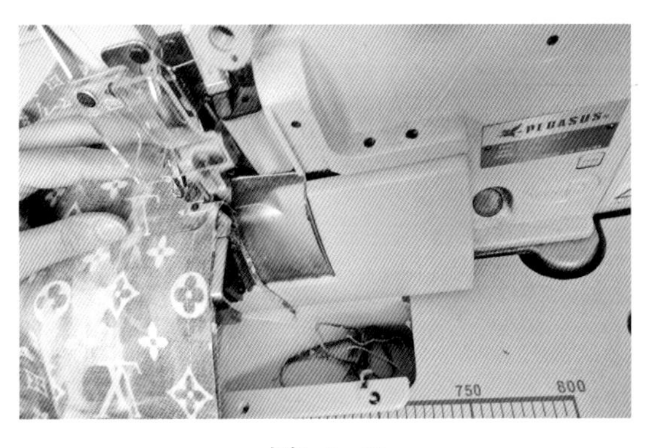

图2-2-42

2. 复袖的组合工艺

第一步，将两边扣烫1.0cm缝份的袖克夫裁片对折，克夫面比克夫里多出0.1cm，按照袖克夫净样封袖克夫两头并修劈多余的缝份，见图2-2-43所示缝袖

图2-2-39

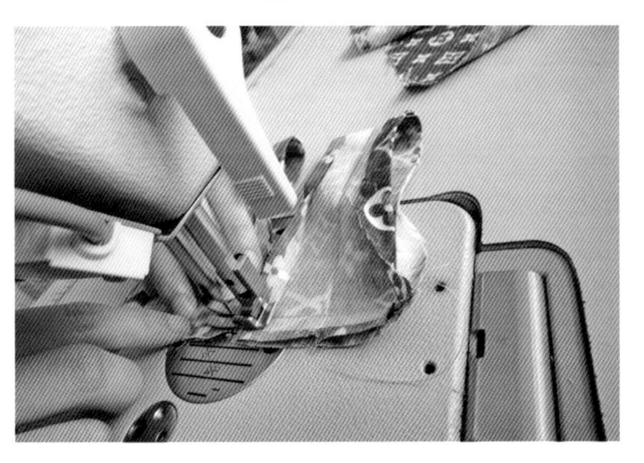

图2-2-43

克夫两端。接着，用镊子翻转袖克夫的两端尖角，其翻转方式同翻转领子方式相同，目的是让袖克夫面平、角尖，具体操作步骤见图2–2–44~图2–2–46所示翻转袖克夫。

第二步，一片袖正面相对，压缉袖子侧缝1.0cm标准缝份，见图2–2–47所示压缉袖子侧缝，同时前袖窿在上后袖窿在下拷边，一手轻轻推送面料，一手扶住袖片，缝份倒向后袖窿，见图2–2–48所示袖子拷边的手势。接着将缝纫机线迹调至最大，左手食指顶住压脚，沿袖口缝份0.8cm处缉线，抽底线拉出碎裥，见图2–2–49所示抽收袖口碎裥，然后调整碎裥，让碎裥均匀分布于袖口。再将袖口边夹在袖克夫中间，多层一起压缉线0.1cm，见图2–2–50所示夹装袖克夫，完成后复核检查克夫与袖衩长短，检查袖克夫是否整齐、平服。

图2–2–46

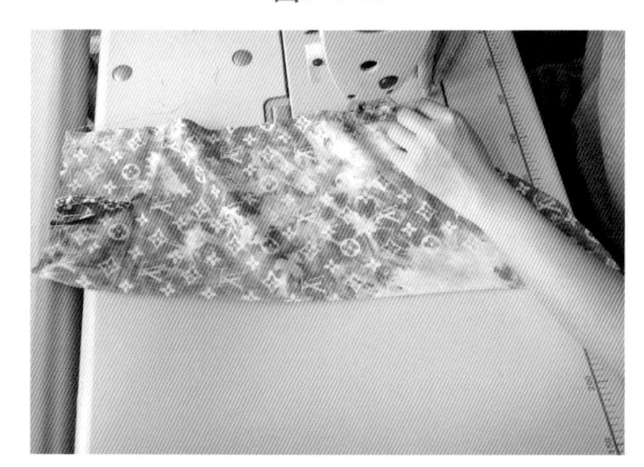

图2–2–47

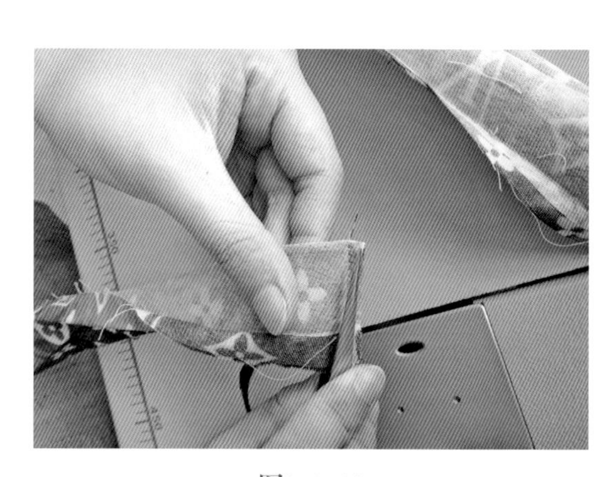

图2–2–44

图2–2–45

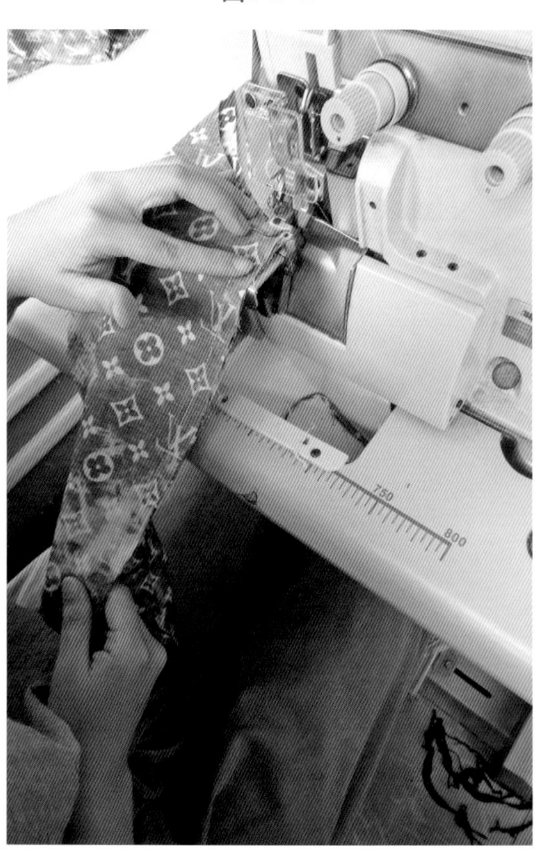

图2–2–48

第三步，复核袖山弧线与大身袖窿弧线两者的对位标记，袖山中点对齐肩点，袖底侧缝与大身侧缝相对。缝制时，袖子在上大身袖窿在下一起放平压缉1.0cm缝份，接着大身袖窿在上拷边，缝份倒向袖窿，见图2-2-51所示袖窿与侧缝的缝份倒向。复核完成的袖子，要求袖山吃势均匀、袖山饱满、圆顺，见图2-2-51所示衬衫袖山的造型效果。

3. 下摆的组合工艺

先复合门里襟长短，并修正门里襟的长短。再沿下摆贴边0.5cm处缉辅助线，其目的是方便卷下摆，然后直接三卷成0.5cm，压缉0.1cm单止口。也可先熨烫下摆贴边再缉线，见图2-2-53所示烫缉下摆止口。

六、褶裥式女长袖衬衫的后整理

清除与整理褶裥式女长袖衬衫上的线头、污渍，熨烫顺序和手法是先部件再大身，要求褶裥式女长袖衬衫的领子、袖克夫、前后衣片等重要部位不起皱、不极光，成品的外观整洁、美观、平整。褶裥式女长袖衬衫的包装方式一般采用挂装式包装和折叠式包装两类，见图2-2-54所示褶裥式女长袖衬衫的成衣效果、图2-2-55所示衬衫的挂式包装以及图2-2-56所示衬衫两种不同的叠式包装。

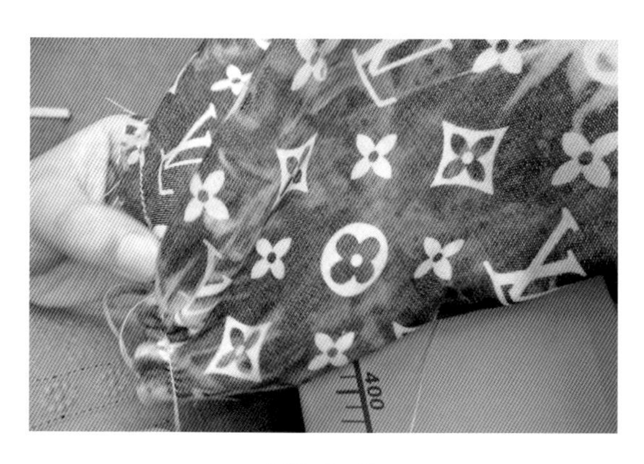

图2-2-49

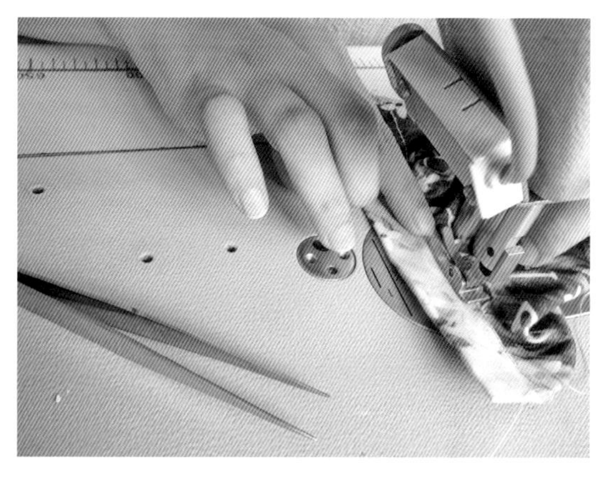

图2-2-50

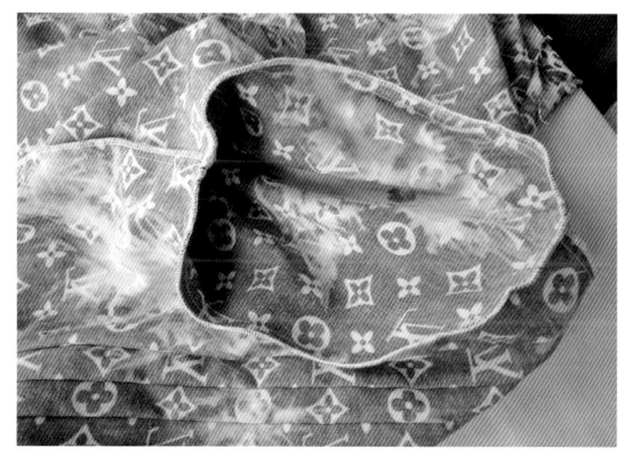

图2-2-51

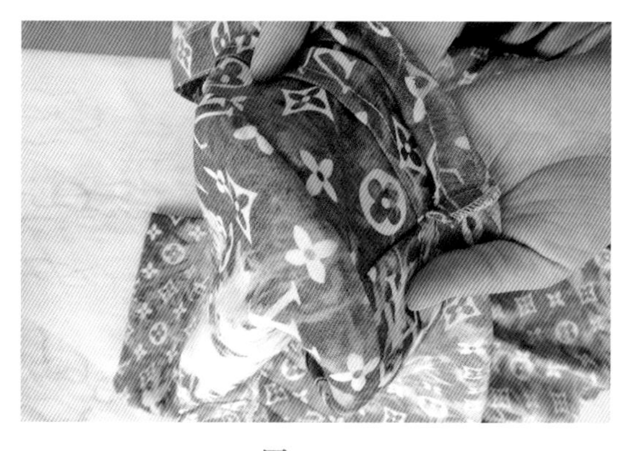

图2-2-52

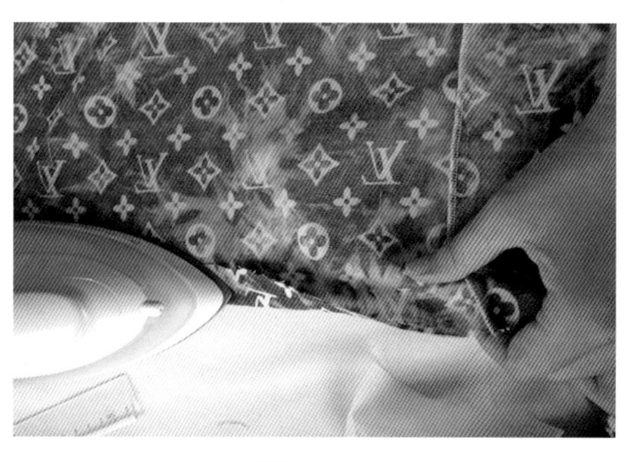

图2-2-53

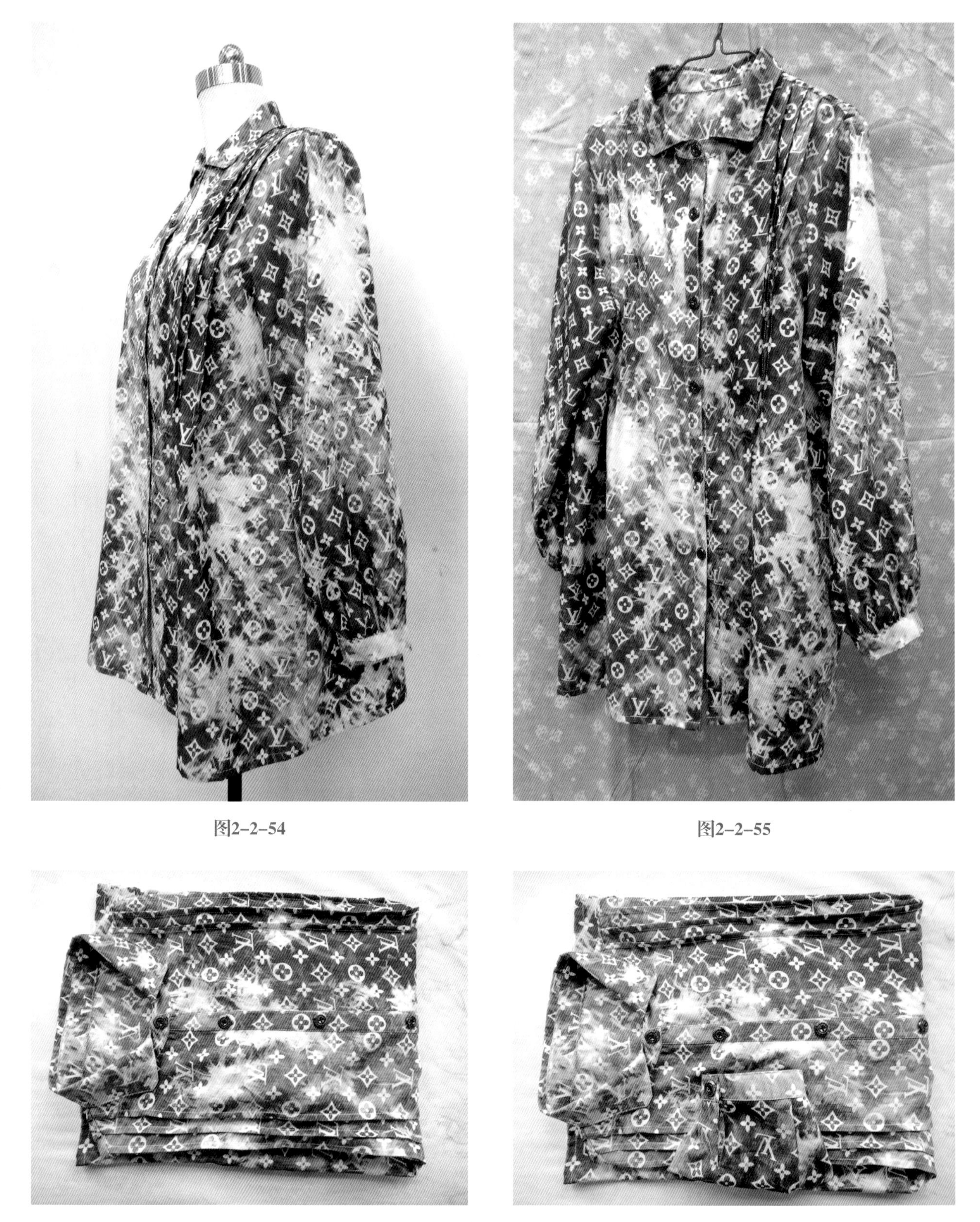

图2-2-54

图2-2-55

图2-2-56

第三节 偏式门襟变款女短袖衬衫的制作工艺与技术

一、偏式门襟变款女短袖衬衫的款式特点

本例偏式门襟变款女衬衫的款式特点是不对称门襟，无领女式短袖衬衫，门襟花式扣3粒成组依次排列。衣身结构：外部轮廓呈A型的左右开衩式短袖衬衫；前胸、背复横向分割线，并装饰花色嵌条；左右侧缝各有一个隐形直插袋；前后侧下摆左右开衩5.0cm，3粒装饰扣；一片式装袖，见图2-3-1所示变款女短袖衬衫的正面和背面的款式结构设计。

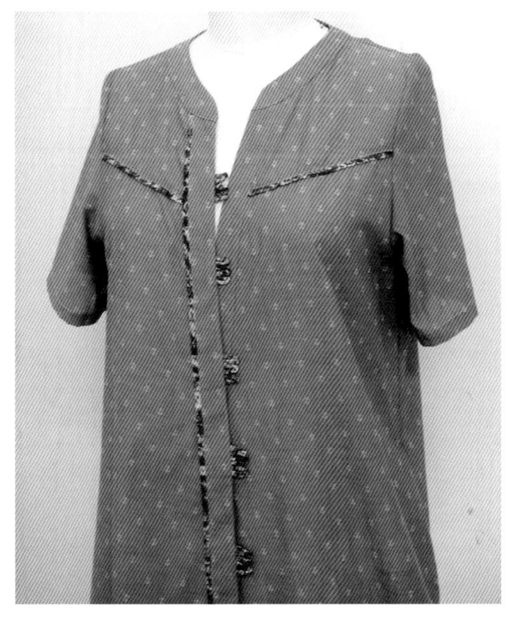

图2-3-1

二、偏式门襟变款女短袖衬衫的结构分析与工艺流程

1. 偏式门襟变款女短袖衬衫的结构分析

解构女式短袖衬衫的结构：前衣片左右各一片，后衣片一片，前育克两片，后育克一片，一片袖两片，门里襟各一片，领口贴两片，前插袋袋布四片。辅料：领口贴衬两片，门里襟衬两片，装饰嵌条数根，钮扣数粒，以及配套的缝纫线等，见图2-3-2所示正背面款式结构图。

2. 偏式门襟变款女短袖衬衫的质量要求

偏式门襟的工艺质量要求：本款女短袖衬衫虽然为偏门襟，但门襟的长短、宽窄还是一致，门襟装饰嵌条顺直，领口贴边止口对称且平服。领口贴边的工艺

图2-3-2

质量要求：领口贴边平挺且宽窄一致，无起皱、无起拧，领口贴边缉线无滑口、无脱针现象。袖子的工艺质量要求：袖山吃势均匀，装袖饱满圆顺，无褶裥，左右袖口大小、宽窄一致，缉线止口顺直。后整理的工艺质量要求：成品熨烫不能出现污渍与极光，外观整洁、无瑕疵。

3. 偏式门襟变款女短袖衬衫的工艺流程

衣片裁剪与定位标记→烫衬黏衬→做部件（装饰嵌条、钮按等）→拼前后育克与装饰嵌条→烫并做嵌条式门里襟→缝合肩缝→缝合前后侧缝→做左右侧袋→做领口贴→做袖并装袖→做左右侧开衩→卷下摆底边→钉扣→整烫、包装。

三、细节设计与工艺技术

1. 缝制前准备技术

1.1 部件黏合衬的裁剪与黏贴

偏式门襟变款女短袖衬衫黏衬的部件相对较少，只有领口贴边和门里襟两部分黏衬，具体黏衬的方法和要求与前一节相似，重点注意控制熨斗的温度和压力，防止领口与门里襟变形，见图2-3-3、图2-3-4所示黏衬部件。

1.2 重要部位的缝制标记与修劈

将领口贴边净样板用铅笔仔细拷贝到领口贴面上，同时标出后领中心点、左右肩颈点的位置，见

图2–3–5所示领口贴净样线，接着根据净样线留出1.0cm做缝后，剪去多余的缝份，见图2–3–6所示修剪多余缝份。最后，检查部件裁片和 “三眼”标注位置，见图2–3–7所示完成修劈的领口贴裁片。

图2–3–3

2. 主要部件的制作技术

2.1　撞色嵌条的制作技术

第一步，准备一些撞色所需面料，按45° 角斜丝缕方向裁剪宽为2.0cm的斜条数根，见图2–3–8所示配置撞色斜条，然后用熨斗依次压烫对折斜条。对长度不够的斜条，可拼接后再压烫，也可压烫完成后再拼接，见图2–3–9和图2–3–10所示压烫对折斜条。

图2–3–4

第二步，将前衣片和前育克裁片熨烫平整，见图2–3–11所示归拔熨烫前衣片。然后，将撞色嵌条毛边与前衣片正面相对，距离前衣片分割线0.5cm处一起压缉0.8cm缝份，见图2–3–12和图2–3–13所示固定嵌条位置，接着，用镊子将前育克正面与前衣

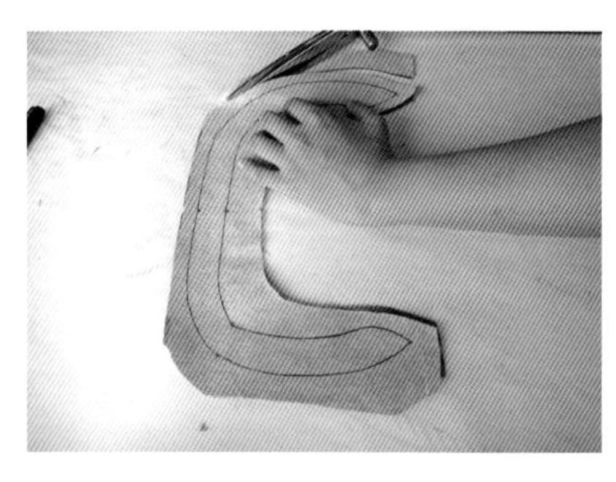

图2–3–5

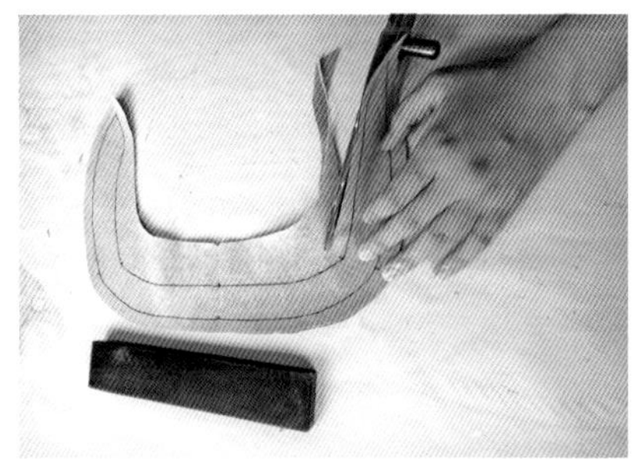

图2–3–6

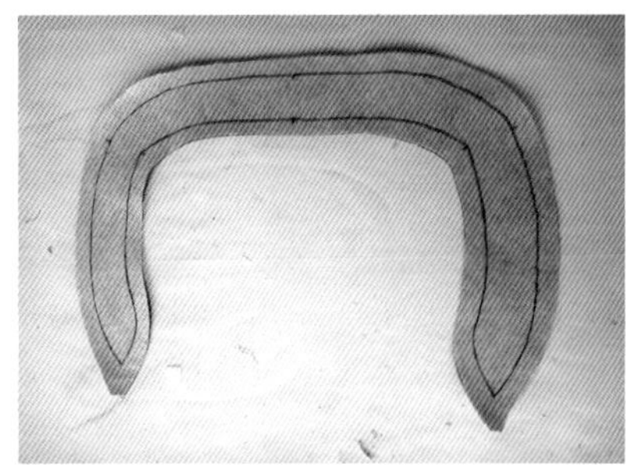

图2–3–7

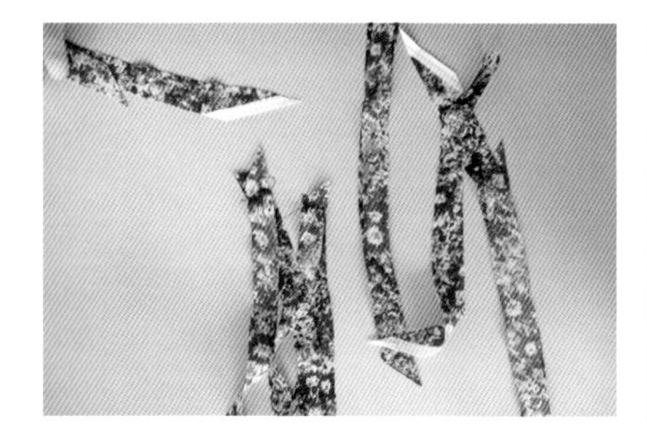

图2–3–8

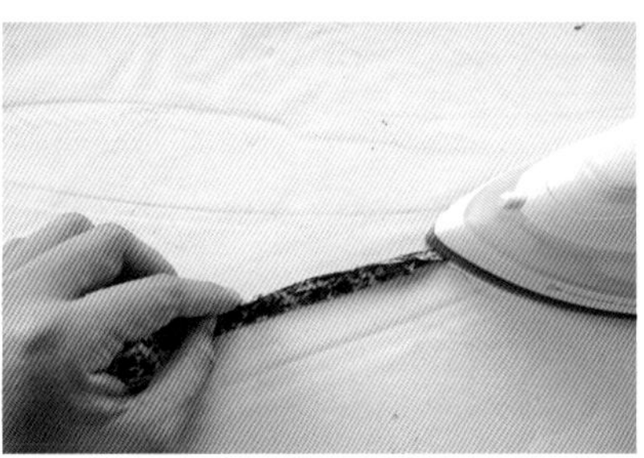

图2–3–9

图2–3–10

图2–3–11

图2–3–12

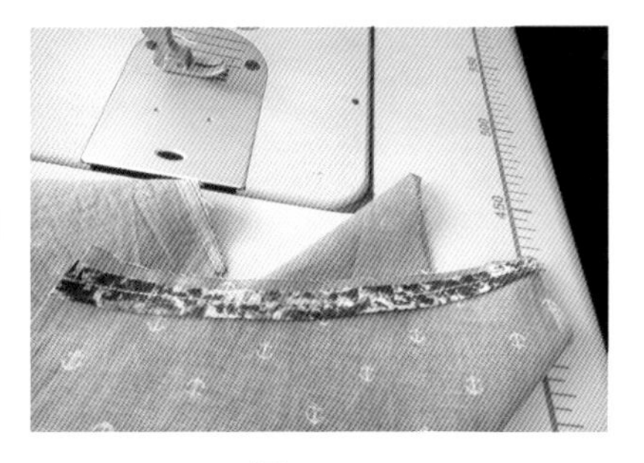

图2–3–13

片正面相对，衣片在上育克在下，顺着前衣片的缝迹线距离0.1cm处一起压缉1.0cm缝份，见图2-3-14所示压缉前育克。

第三步，将拼接好的前衣片在上育克在下一起拷边，拷边时注意两手的姿势，拼接缝份倒向肩缝，见图2-3-15、图2-3-16所示前育克拷边的倒向。最后，在衣片的正面，一边用手指顶开撞色嵌条，一边用熨头将育克撞色嵌条烫平，见图2-3-17所示熨烫前育克装饰嵌条。

2.2 领口贴边的制作技术

按领口贴边的净样板，将领口贴边面烫出1.0cm缝份，见图2-3-18所示扣烫领口贴边，然后领口贴边正面相叠，按净样缝合标记压缉缝迹线，见图2-3-19和图2-3-20所示，再将多余缝份修剪至0.2cm，缝份越小翻折领口贴边的圆角越圆顺，见图2-3-21所示。

接着翻转领口贴边，用三指捻压领口贴边止口，谨防止口反吐，见图2-3-22所示捻压领口贴边止口。在熨烫时，采用一边捻压止口一边用熨斗压烫的方式，将领口贴边圆头烫平，要求领口贴边的弧线平整、圆顺，没有不规则凸起，见图2-3-23所示压烫领口贴边。然后用铅笔顺着领口贴边的净样标出另一片的缝制净样线，同时

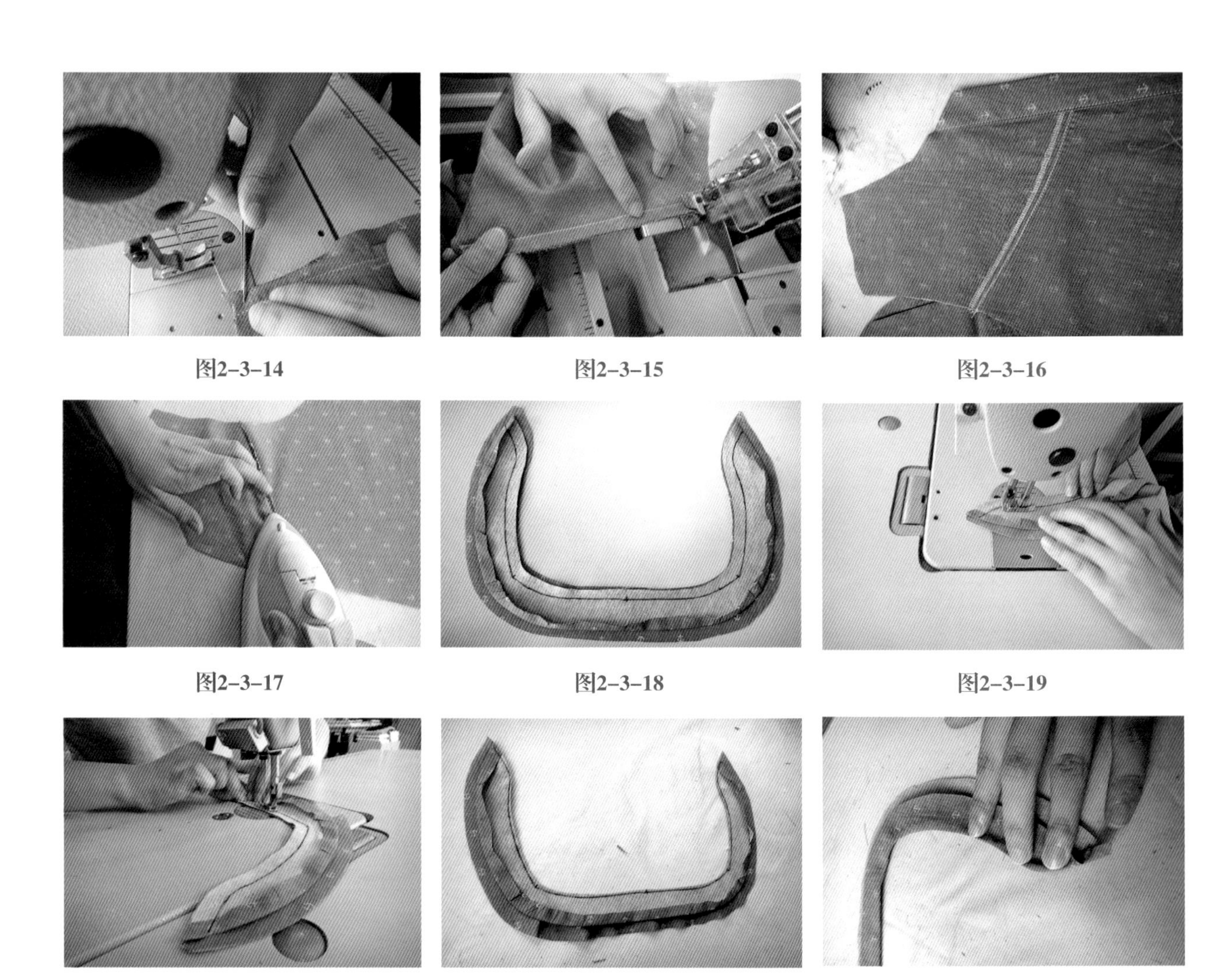

图2-3-14　图2-3-15　图2-3-16

图2-3-17　图2-3-18　图2-3-19

图2-3-20　图2-3-21　图2-3-22

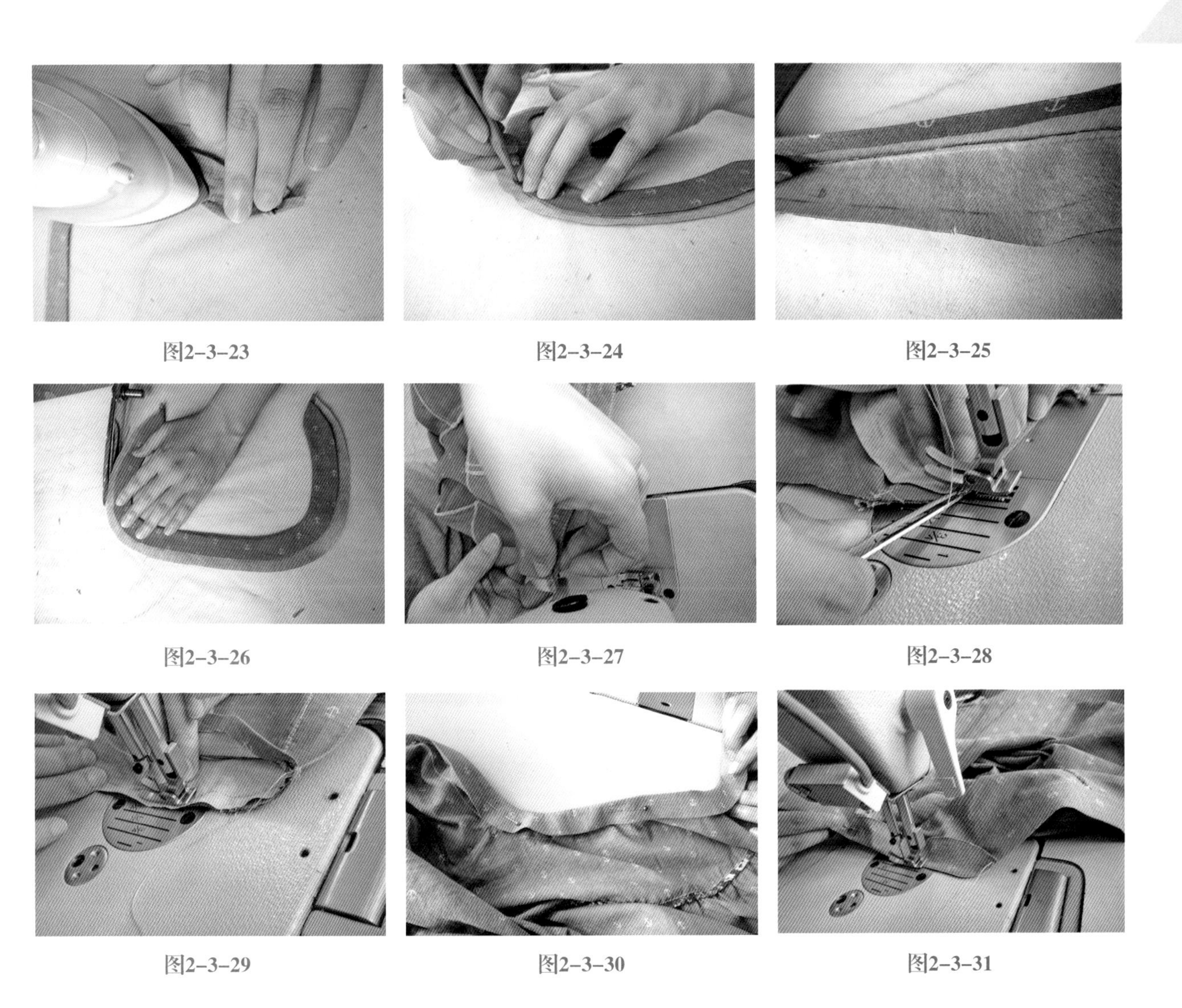

图2-3-23　图2-3-24　图2-3-25

图2-3-26　图2-3-27　图2-3-28

图2-3-29　图2-3-30　图2-3-31

标出领口贴边与衣身相对应的复合点位置，见图2-3-24和图2-3-25所示领口贴边的缝制标记，最后留出缝份0.6cm或0.8cm，剪去多余的缝份，见图2-3-26所示修正领口贴边。

复合领口贴边是难度最大、也是最能体现精美技术的部分，首先是将领口贴边里的正面与衣身的反面相对，复合领口贴边弧线与衣身领口弧线的长度是否一致，通常领口贴边弧线比衣身领口弧线略长，见图2-3-27所示复合领口弧线。接着使用镊子捏紧领口贴边与衣片门襟止口，通常领口贴边止口距离衣片门襟止口0.1cm位置压缉缝迹线，见图2-3-28、图2-3-29所示缝制领口贴边。

在复合领口贴边时，先将领口贴边与衣身用大头针固定，用镊子或手指将缝制的缝份藏入领口贴边内，见图2-3-30所示固定领口贴边。固定完成后，采用兜圈封闭式缉线方式（即复合领口贴边中间不断开，无接线痕迹的方式）。先沿着领口贴边的上口弧线压缉0.1cm单止口，见图2-3-31所示，当缝迹线运行至门襟止口处时，特别要注意门襟止口不能出现反吐现象，见图2-3-32所示。同时在复合领口贴边过程中，顺势用镊子将缝份藏入领口贴边内，见图2-3-33所示暗藏复合缝份。

特别在缝迹线运行至领口贴边与门襟止口处，

在缝制技术上是最容易出现止口反吐，见图2-3-34所示局部缝制工艺。因此在复合至肩颈点时需控制领口贴边弧线与衣身领口弧线的长度，如两者有差异，则可在此处作适当的调整，但如两者相差太大，则说明在复合领口贴边过程中存在较大的缝制误差，建议返工重做，见图2-3-35所示领口贴边局部工艺。

四、组合连接与装饰缝制技术

1. 衣片上下分割线的联接技术

根据变款女短袖衬衫后衣片为抽褶式背育克的特点，先从抽褶开始，如果放褶量不是很大，只需在缝制时，将缝纫机压脚线迹调至最大位置，用中指抵住压脚，压缉0.8cm缝份，见图2-3-36所示压缉碎褶。缉线完成后，拉抽底线并调整碎褶的褶皱量，见图2-3-37所示调整褶裥量，使得后衣片的纬线分割线与后育克弧线一致。

将对折的装饰嵌条毛缝一边与后衣片正面相叠，距离后衣片分割线0.5cm处压缉0.8cm缝份，见图2-3-38所示压缉后育克装饰嵌条，同时剪去多余的装饰嵌条，见图2-3-39所示修剪后育克装饰嵌条。接着，后衣片在上育克在下拷边，缝份倒向肩缝，在后衣片正面后育克上压缉0.1cm单止口，见图2-3-40所示压缉后育克单止口和图2-3-41所示前育克装饰嵌条细节工艺。

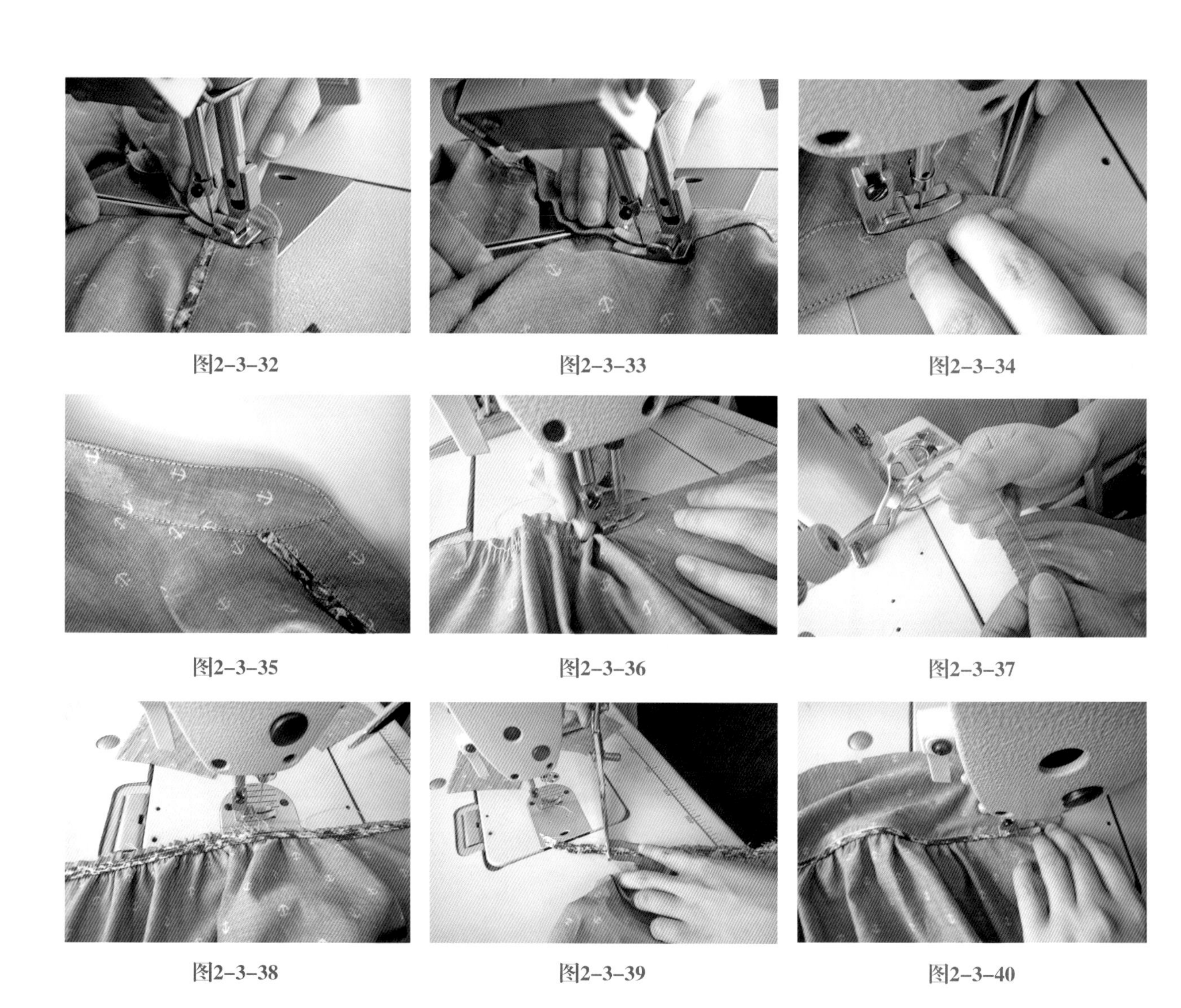

图2-3-32　图2-3-33　图2-3-34

图2-3-35　图2-3-36　图2-3-37

图2-3-38　图2-3-39　图2-3-40

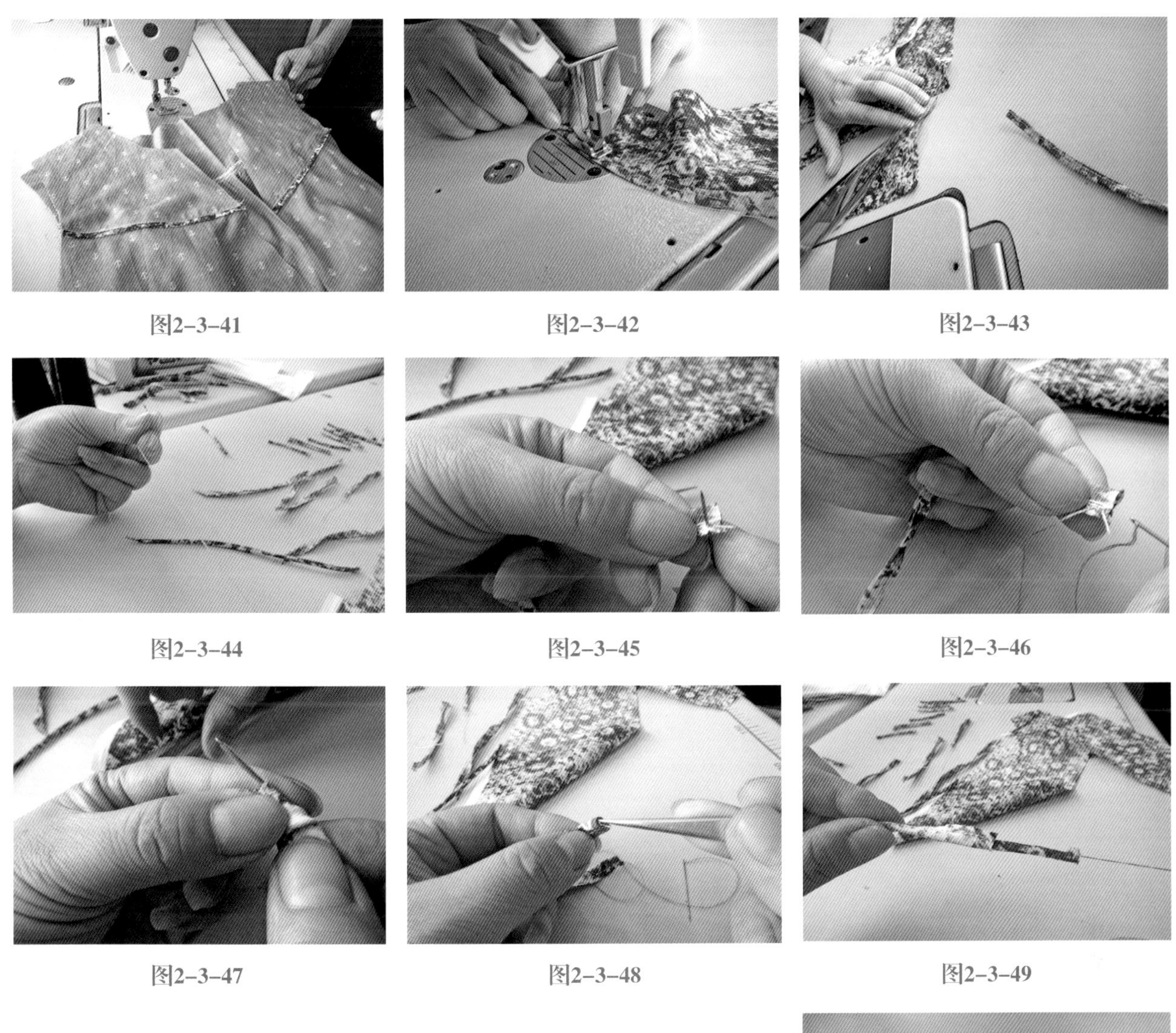

图2-3-41　图2-3-42　图2-3-43

图2-3-44　图2-3-45　图2-3-46

图2-3-47　图2-3-48　图2-3-49

2. 门襟装饰缝制技术

2.1　装饰钮按细节工艺

使用45°角斜料正面对折压缉0.3cm宽度的嵌条，嵌条宽度不能太宽，否则钮按条过粗且不易翻转，见图2-3-42所示压缉钮按条。接着修剪钮按条多余缝份至0.2cm，留出的缝份不能超过钮按条的宽度，见图2-3-43所示修剪钮按条缝份。

用手工针穿双股线，在线段打结后，穿过钮按条顶端的缝份并固定，见图2-3-44、图2-3-45所示固定缝纫线，接着用手工针的末端穿过钮按条，再用镊子将端口塞入钮按条内，见图2-3-46~图2-3-48所示手工针运行方式，并顺势拉出钮按条，见图2-3-49所示翻转钮按条。然后再根据钮扣直径大小，将钮按条剪成需要长度，图2-3-50、图2-3-51所示为钮按条的完成效果。

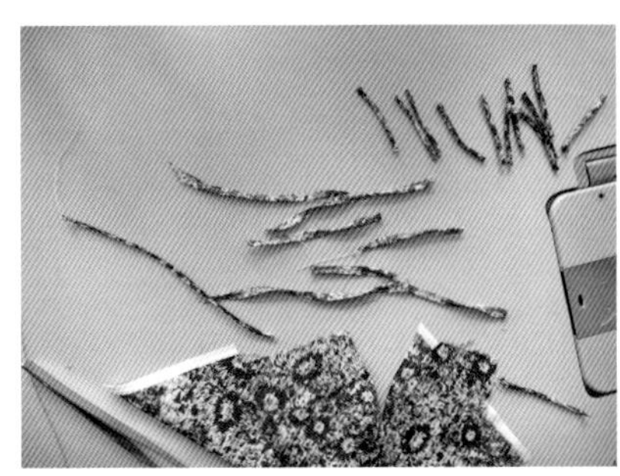

图2-3-50

图2-3-51

最后将钮按条对折固定，按款式需要三个一组固定，便于门襟的固定和缝制，见图2-3-52、图2-3-53所示成组钮按的效果。

2.2 门襟制作技术

门襟细节制作技巧：先将门襟烫出缝制净样，标出门襟的钮扣位置，再将三个一组的钮按依次放入钮位点，见图2-3-54所示放置成组钮按，然后沿着门襟净样线，一边缉线一边放钮按即可，见图2-3-55所示压缉门襟缝份。

完成门襟缉线后，修剪门襟里多余的缝份至1.0cm，见图2-3-56所示修剪门襟多余缝份，然后翻转门襟里的缝份，用熨斗烫平压死，这种方式可以使门襟面与里产生0.1cm的错位，方便门襟缉线时不滑针，见图2-3-57所示扣烫门襟条。最后打开门襟条，在门襟里上沿止口暗勾0.1cm缉线，这种暗勾方式常常用于翻转止口的边缘，可有效地防止门襟止口边缘的反吐，见图2-3-58和图2-3-59所示暗勾止口缉线。

里襟细节制作技巧：里襟的制作相对比较简单，将里襟裁片对折后，用直尺测量里襟的宽度，再用熨斗烫出里襟的宽度，见图2-3-60和图2-3-61所示测量里襟宽度，也可使用里襟净样板直接扣烫，这样做既方便又简洁。

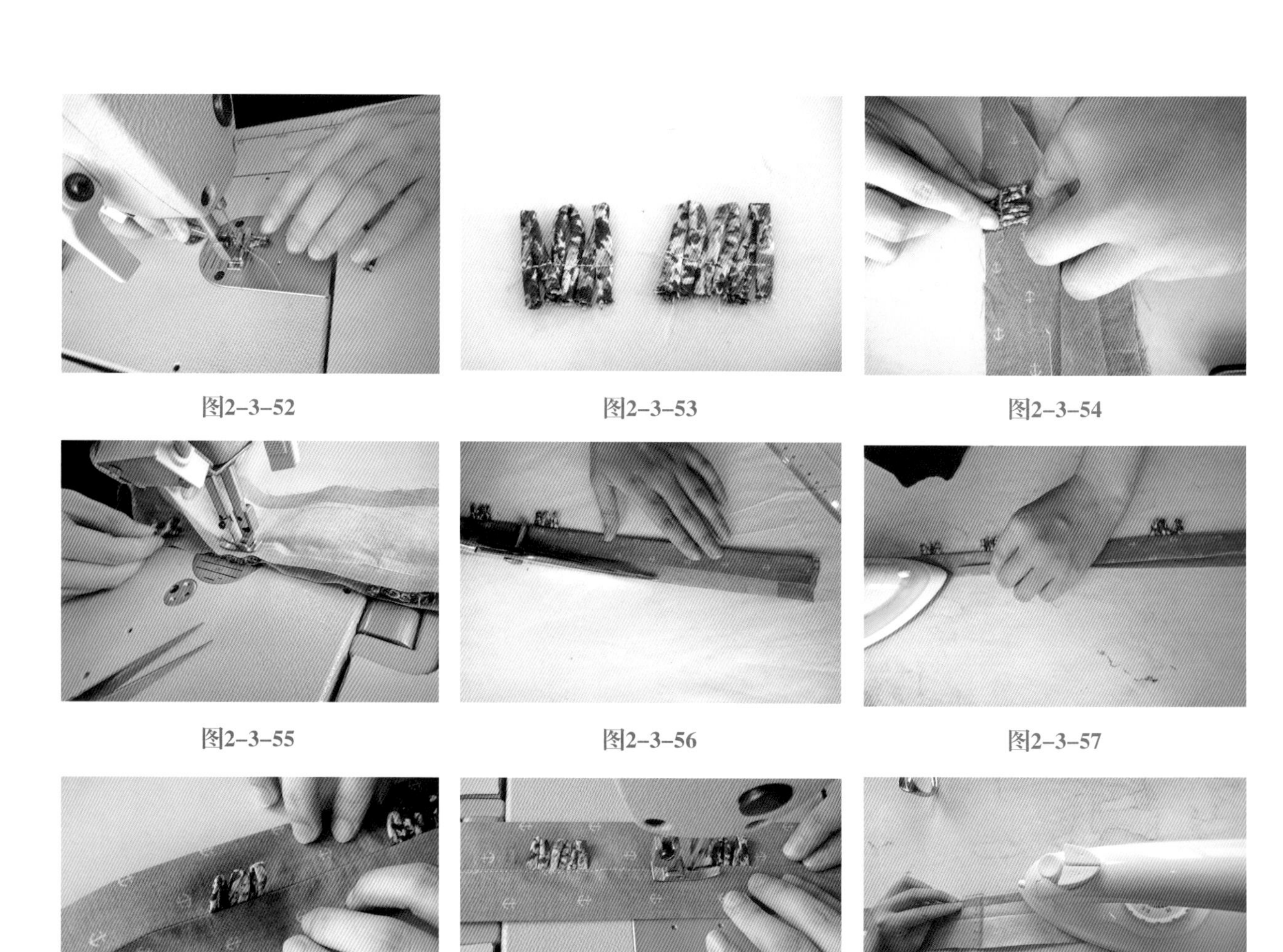

图2-3-52　图2-3-53　图2-3-54

图2-3-55　图2-3-56　图2-3-57

图2-3-58　图2-3-59　图2-3-60

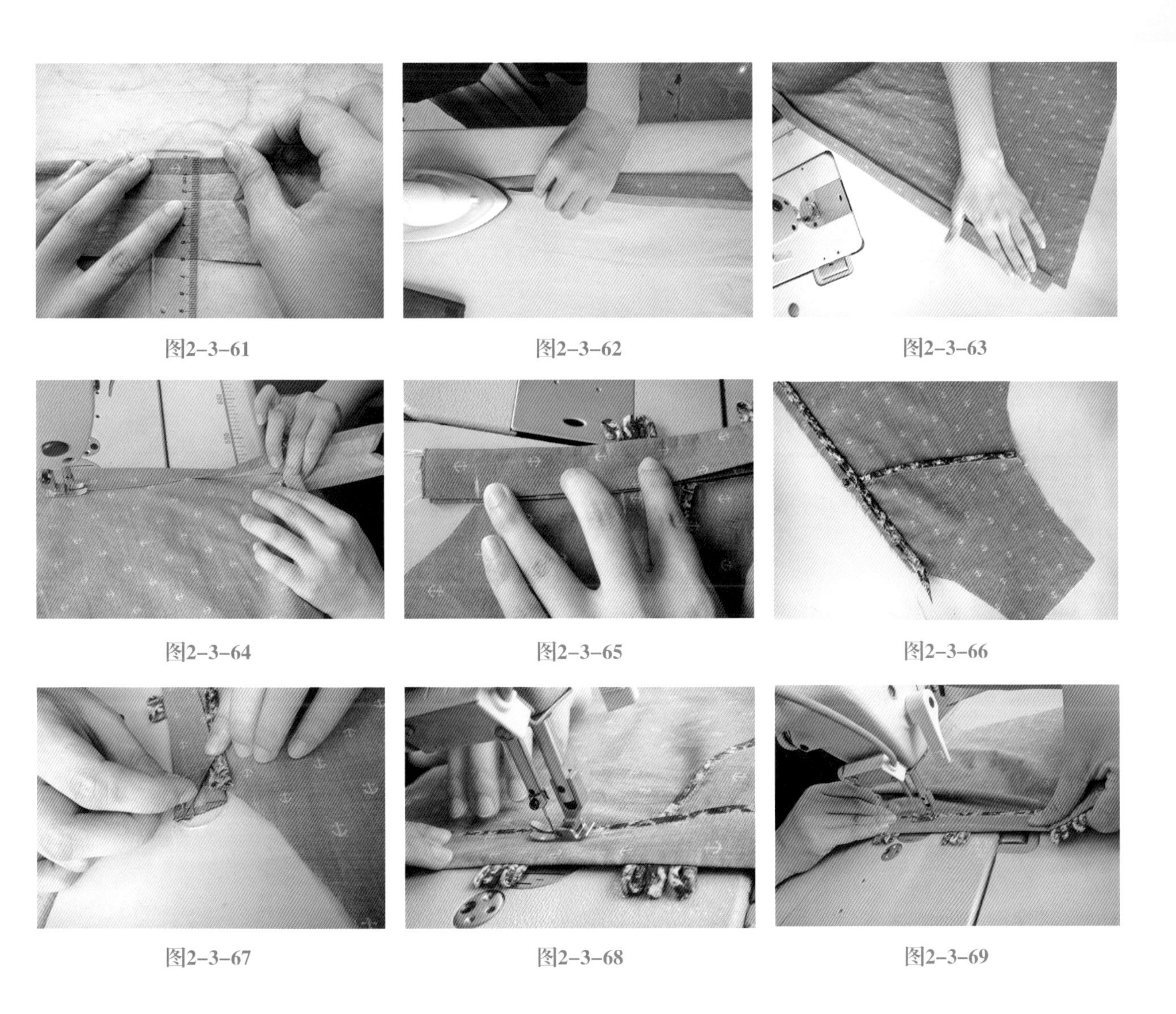

图2-3-61　图2-3-62　图2-3-63

图2-3-64　图2-3-65　图2-3-66

图2-3-67　图2-3-68　图2-3-69

然后，与门襟熨烫方式一样，翻转扣烫里襟，见图2-3-62所示扣烫里襟，最后将里襟与大身衣片对核，检查其长度、宽窄是否一致，见图2-3-63所示复合里襟。

复合门里襟技巧：里襟的复合较简单，将里襟直接夹住衣片一把压缉0.1cm单止口，见图2-3-64所示压缉门襟单止口。门里襟通常左右对称，因此在完成里襟复合的基础上，门襟复合需与里襟相对称，标出左右育克、领口等位置，见图2-3-65所示门襟左右对称标记。

接着，先将门襟装饰嵌条固定在前衣片上，其缝制技术与育克装饰嵌条一样，见图2-3-66所示压缉门襟装饰嵌条，再将门襟夹住衣片盖住嵌条缝迹线，沿门襟止口压缉0.1cm单止口，见图2-3-67所示夹装复合门襟。

在复合门襟的缝制过程中，标准的缝制方式非常重要，一方面是门里襟各部位左右需对称，另一方面是缝纫机运行时，双手一前一后置于缝纫机针前后，左手在前拉紧已压缉过的门襟，右手固定未压缉的门襟，见图2-3-68和图2-3-69所示压缉门襟的方式。采用这种缉线方式，可以避免门里襟在压缉过程中的起拧、起波浪等质量问题，最后修剪多余的缝份，见图2-3-70和图2-3-71所示门里襟的制作效果。

3. 前后衣片的组合缝制技术

第一，整理缝制的半成品。用熨斗将完成拼接的半成品，从上至下依次进行归拔，见图2-3-72所示半成品的归拔，重点熨烫门里襟止口、育克撞色嵌条，将门襟拔烫平整，见图2-3-73所示熨烫门襟。

第二，完成前后肩的缝制。先检查前衣片是否对称，前后肩斜的长度是否一致，见图2-3-74所示，接着将前后肩正面相叠，压缉1.0cm缝份，见图2-3-75所示拼接肩缝。通常现代女装的肩缝都带有一定的吃势量，即后肩斜比前肩斜略长0.3cm，但这种吃势量也不是一成不变的，它会随着款式的变化、面料的厚薄而有所增减。

第三，完成侧缝袋的制作。从下摆开衩处开始，压缉1.0cm缝份，见图2-3-76所示压缉侧缝。线迹运行至侧缝开袋位置时倒回针，并留出口袋位置，再继续侧缝的缝制，见图2-3-77所示侧口袋位置。

第四，用手指甲刮出侧缝的缝份痕迹，见图2-3-78所示刮压缝份，将袋布正面与大身侧袋的正面相对，见图2-3-79所示刮压缝制净线。再沿着刮痕压缉1.0cm缝份，同样方式完成另一片

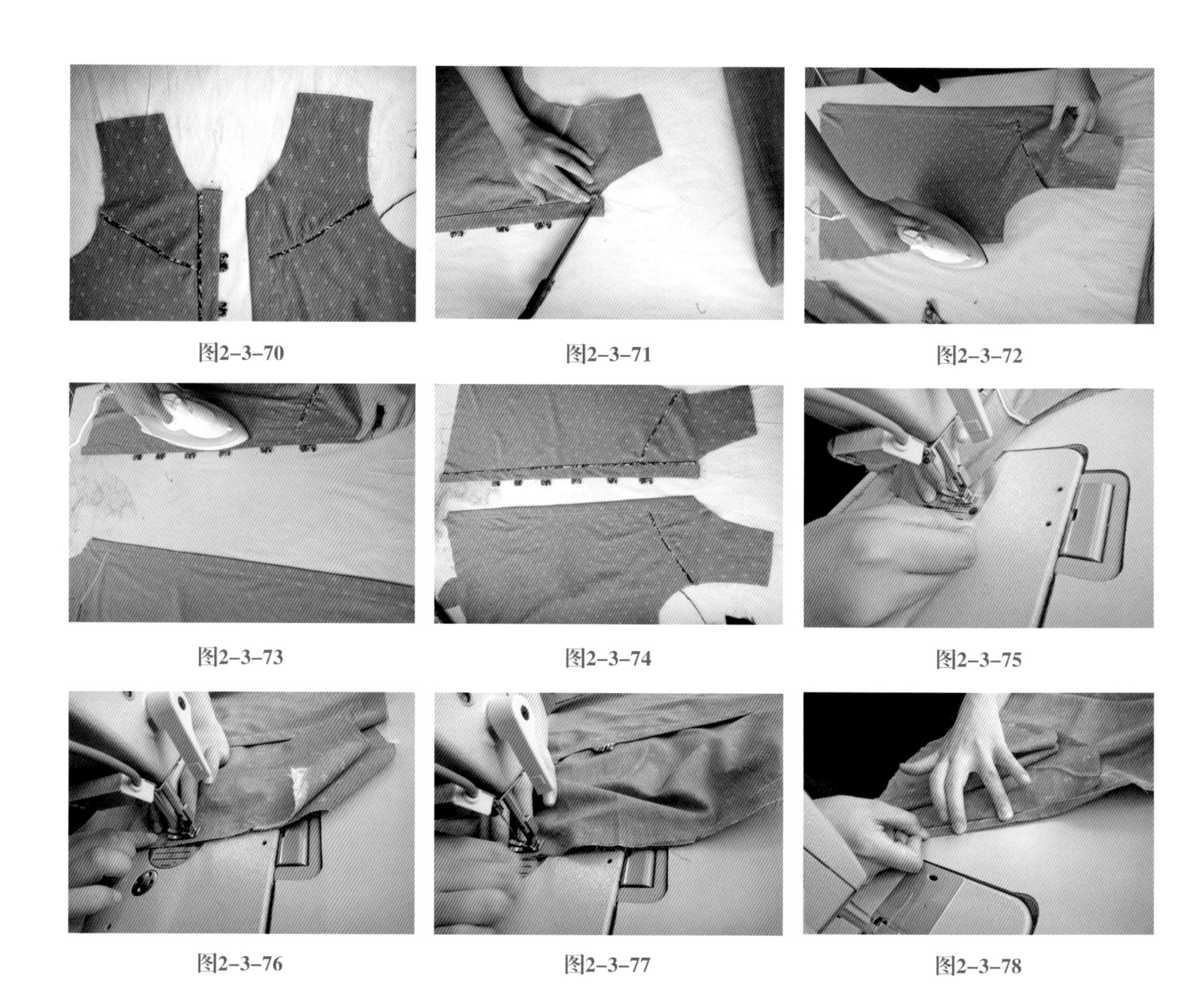

图2-3-70　图2-3-71　图2-3-72

图2-3-73　图2-3-74　图2-3-75

图2-3-76　图2-3-77　图2-3-78

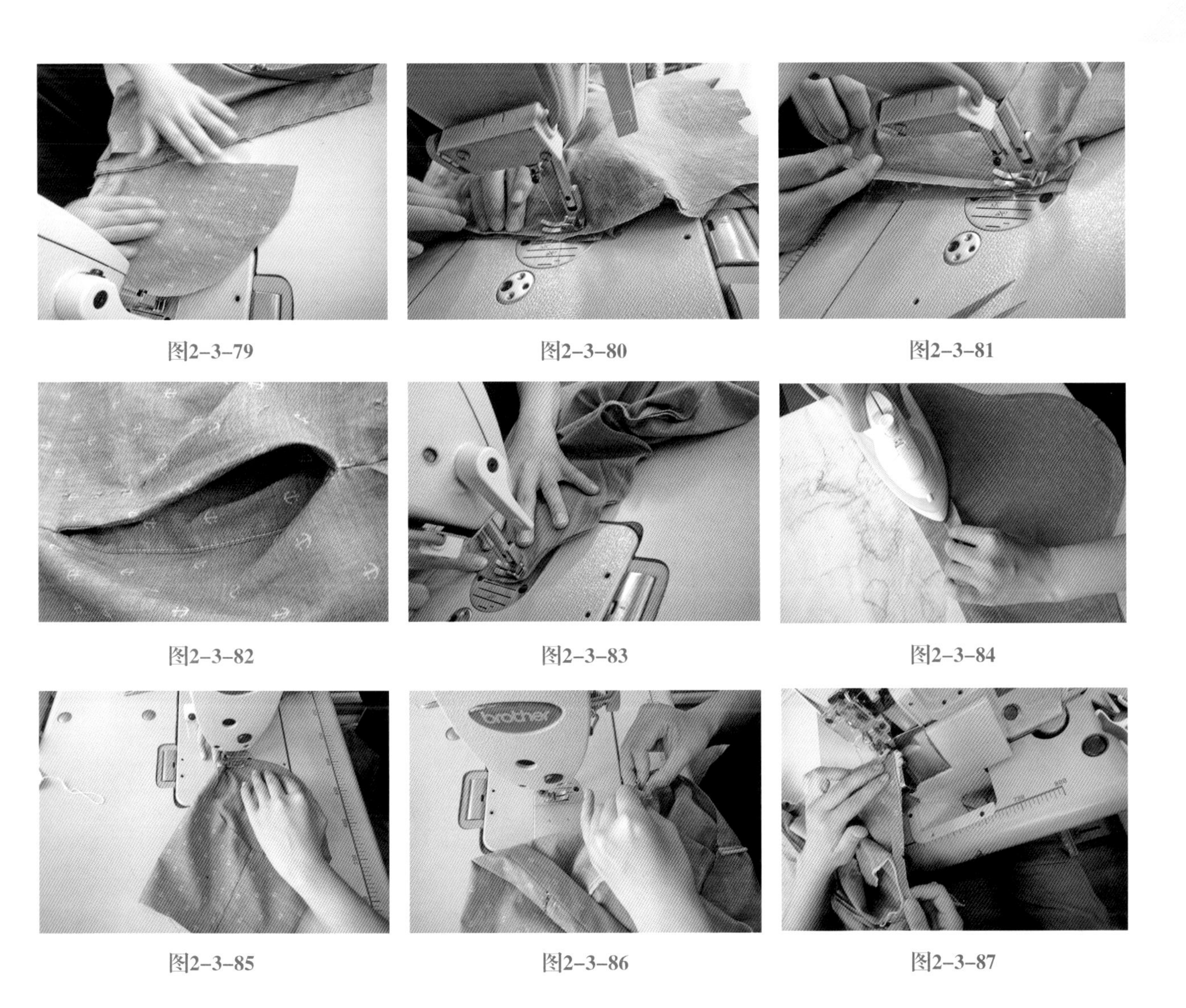

图2-3-79 图2-3-80 图2-3-81

图2-3-82 图2-3-83 图2-3-84

图2-3-85 图2-3-86 图2-3-87

袋布的缝制，见图2-3-80和图2-3-81所示压缉侧袋布。

第五，先暗勾袋里布，压缉0.1cm缝份，见图2-3-82所示暗勾袋布，在此基础上在反面铺平袋布，再沿袋口布压缉1.0cm缝份并拷边，见图2-3-83所示。

4. 做短袖与复短袖技术

短袖相对于长袖的工序要少很多，可先烫出袖口贴边宽度，见图2-3-84所示扣烫袖口贴边，然后调大缝纫迹线针距，调整袖山的吃势量和吃势位置，见图2-3-85所示。在复合袖子前，须核对袖山弧线与大身袖窿弧线的长度、位置等，见图2-3-86所示核对袖窿弧线。

五、后整理与熨烫技术

1. 下摆整理技术

因偏式门襟变款女短袖衬衫为左右开衩式下摆，所以需先完成左右的侧开衩。在下摆开衩侧缝部位面朝上分别拷边，拷边需超出拼合止口位置3.0cm，见图2-3-87所示侧缝开衩拷边，然后在开衩处压缉0.5cm的“U”型线，再距开衩拼接处1.0cm位置夹装一个成组的钮按作点缀和装

图2-3-88

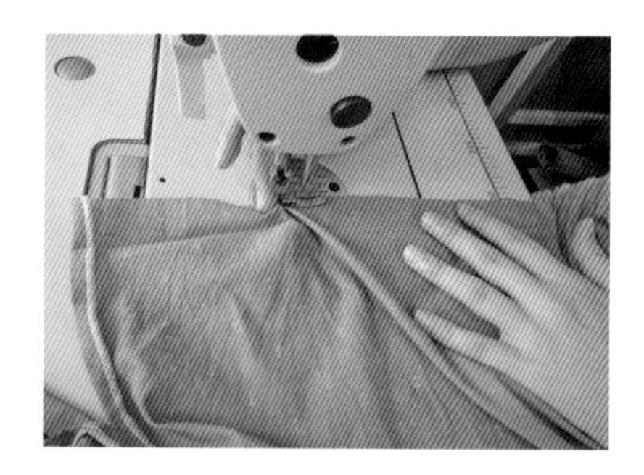
图2-3-89

图2-3-90

图2-3-91

饰，见图2-3-88所示侧开衩钮按。

卷缉下摆的方法：沿下摆毛缝0.5cm处压缉一条辅助直线，见图2-3-89所示，此辅助线的目的是在缝制时更易于翻卷下摆贴边。因为布料在运行过程中会自然形成一定的缝制缩率，有了辅助线使得下摆自然收缩，在三卷下摆贴边时，更容易平顺和压缉线，见图2-3-90所示三卷压缉线。由于下摆连带开衩，在压缉下摆止口时，另一端的下摆也紧紧跟上，可防止开衩长短不一的工艺质量问题，见图2-3-91所示下摆侧开衩的工艺细节展示。

2. 后道整理技术

偏式门襟变款女短袖衬衫的后道工序相对较少，在完成钉扣后，只剩下熨烫和包装了。衬衫成品的熨烫要求是先整理衣服上的线头、污渍，再用蒸汽熨斗依次熨烫领口、门襟、袖口和衣身等部位熨烫要求一是各部位止口线不反吐、不起波浪；二是分割拼接处撞色嵌条对称平服，且缝份倒向一致；三是前身、袖子等重要部位无极光、黄斑、污渍等明显的质量问题，见图2-3-92所示女短袖衬衫的成衣正背面示效果。

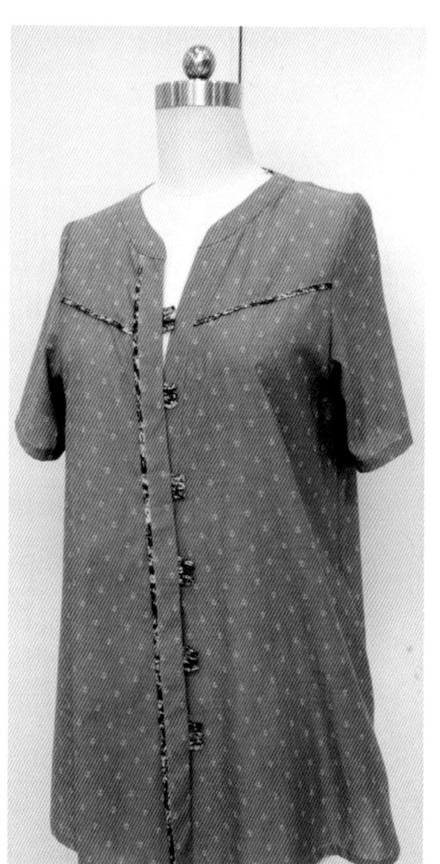

图2-3-92

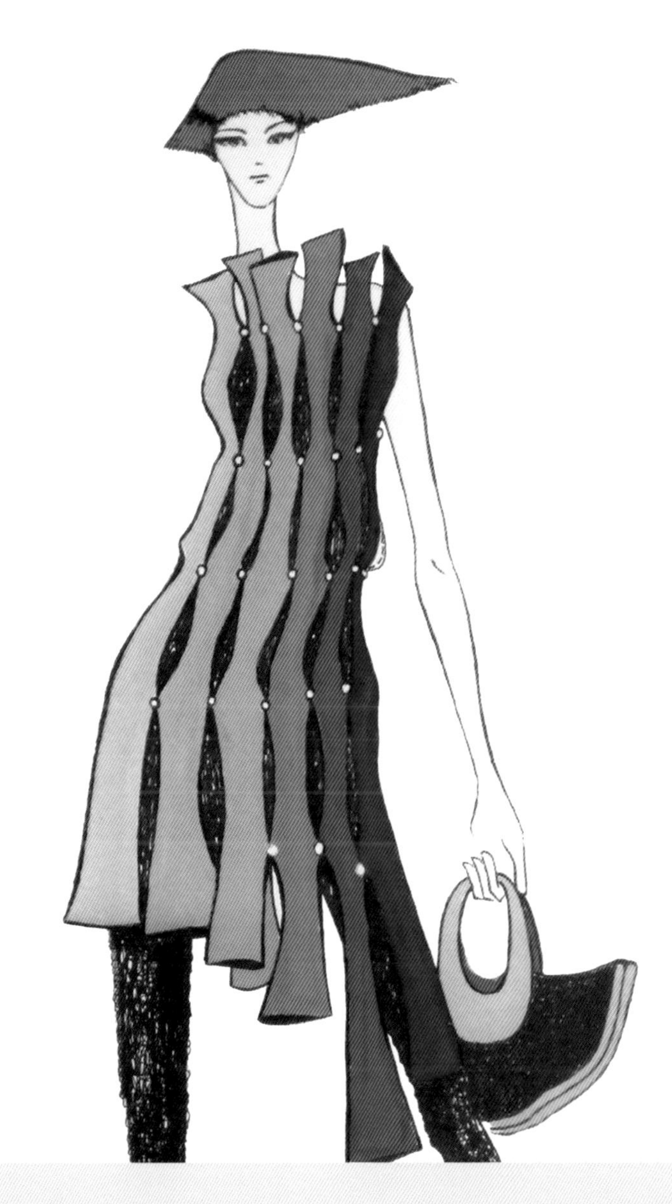

3 第三章 女裙的设计与制作技术

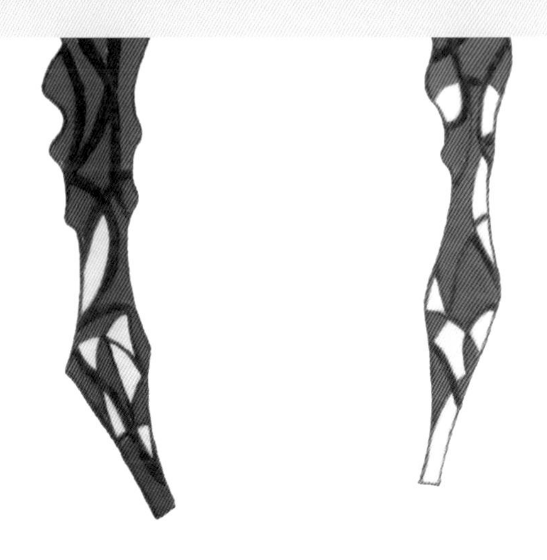

第一节　女裙的造型设计

裙子是人类服饰历史上出现最早、最古老的服饰品类之一，自服装起源就有了裙子的影子，先祖们用几片树叶或一块兽皮围于腰间，制成一个简单的筒形式围裙。随着时代的变迁，缝纫设备和缝制技术的快速发展，在筒形裙子和缠绕式袍裙的基础上出现了裤子和褶裥裙，伴随着16世纪鲸骨裙撑的流行，出现了一种由鲸骨、藤条或金属丝制成的圆环倒扣式的钟状裙，其裙裾层层撑起，形成十分膨胀的外轮廓，使裙子的造型产生了富有创造性的改变，直至第一次世界大战的爆发，人们思想观念的改变，使得裙子重又恢复其自然的本色。

裙子是服饰中最传统的女性衣着服式形式之一，因其妩媚、动人的着装效果而深受女性的青睐和喜爱。随着工业革命的深入普及和生活方式的改变，女裙才逐渐由庞大“S”型向舒适、简洁转变，直至20世纪初以后，裙子才开始变为与上衣分开的独立服饰品类。裙子的形式几经变化，可谓琳琅满目、丰富多彩，其长短已历数次反复：20世纪60年代流行的裙最短，70年代又裙长至小腿，90年代初又重新流行超短迷你裙，后不又出现了紧裹臀部长至脚踝的长裙。在现代时尚女裙设计中，裙子根据定位、目的不同设计差异较大，有针对舞台表演或时装发布会的创意类裙子；或针对市场、消费者设计的成衣类裙子；或针对不同场合、职业需求的特殊类裙子等，其型式或长或短，或宽或窄，或典雅或夸张，见图3-1-1所示的褶皱裙（图片来源：美《时装设计100个创意关键词》）。但在服饰流行的长河中，裙子流行的痕迹是最明显的，恰当的设计使裙子在整体着装上给穿着者带来本质的改变和气质的变化，使服饰变得妙趣横生，见图3-1-2所示克劳迪蒂亚·雪佛（ClaudiaSchiffer）穿着乔瓦尼·詹尼·范思哲（Giovanni Gianni Versace）设计的富有装饰趣味的时尚服饰（图片来源：奥地利·时尚）。

一、短裙的变款设计

时尚服饰中具有划时代意义的设计代表作品——超短裙，又称迷你裙（Miniskirt）是由玛丽·奎恩特（M.Quant）在20世纪60年代设计，在英国的画报上刊出了一款超短裙，尽管当时并未产生太大的影响，但以“迷你裙”为代表的少女时装猛烈地冲击着世界时装舞台，其大胆创举冲破了有史以来传统的服装审美观念，被史学家称之为“伦敦震荡”的新浪潮，将女性双腿从长裙服饰中解脱出来，开始展现服饰的人性化设计。

21世纪以来，这类短裙能较好地展示女子体

图3-1-1
图3-1-2

型的曲线和弧线，也能体现着装者的清新、活泼的一面，最能映衬少女的青春活力，普遍受到年轻人的欢迎和喜爱。短裙还与裤子相结合，变化设计出各类造型别致的时尚裙裤，开拓了服装市场，使之产生了新的市场格局，也为高级时装向成衣化演变迈出了重要的一步。基于短裙的款式特点，消费者在选购这类服装时应考虑各自的身材条件，对于腿过短过粗、过细过长者都应仔细考虑后再选择，否则将适得其反，见图3-1-3所示基本型制的短裙变化，其在A字型短裙的基础上通过纬向分割线的设计，再辅助以不同材质的面料，使得短裙设计符合现代服饰的时尚潮流。

裙子因其种类、形态的多样化，而展现穿着者多姿的风采，按裙子的外型分为A型、H型和T型；按腰节的高低又分无腰节裙、低腰节裙、标准腰节裙和高腰节裙；按分割线则分为横向分割线裙和纵向分割线裙；按褶裥方式又分为单向褶裥裙、“工”字褶裥裙、放射性褶裥裙等，较为简单的分类方式是按它的长短来分，见图3-1-4所示依次为低腰裙、高腰节裙和标准腰节裙的变款设计。

解析时尚短裙的结构设计：主要就是“三围”和“一长”的标准，“三围”的标准即腰围、臀围、裙摆的尺寸，“一围”的标准即裙子的长度。裙腰围和裙臀围度的尺度是包裹人体腰部、臀部的对应位置，需有一定的放松量，而裙摆的围度则需适应下肢的运动需要。在裙子流行的不同阶段，无论裙子的大小、长短、宽松如何变化，如何强调臀部的曲线和装饰，其产生的多种不同造型必须吻合人体，见图3-1-5所示通过纵向分割线的设计改变了短裙的内外结构线，再通过折叠、褶裥、层叠创作手法而创新了裙子的设计。然而，裙子的设计仅仅采用一种设计手法是不够的，须根据主题充分发挥设计的形式美法则，将装饰手法、色彩与面料等设计元素灵活运用，才能设计出不同的裙子造型，见图3-1-6所示不同材料的拼接和多条装饰缉线的短裙变款设计。

图3-1-3

图3-1-4

图3-1-5

图3-1-6

二、连衣裙的变款设计

连衣裙也是女性服饰中比较普遍的经典款型之一，以覆盖、包裹人体的躯干和四肢为主，这使得连衣裙的结构变得复杂而多变。尤其是女性人体是一个凹凸起伏的三维立面，而着装后的人始终处于一种活动的、立体的空间状态之中，因此连衣裙的设计必须松紧适宜，便于运动且舒适合体，使衣料更符合人体的起伏、结构。三宅一生在接受《星期日泰晤士报》采访时说："衣服就像是我们身体和皮肤的延伸"。为了塑造人体，设计师们常常采用内外造型的创新、纵横向的结构分割、新颖别致的褶皱缠绕、不同材料的重组再造等设计手法，一方面裸露部分肌肤，展现女性优美的人体曲线；另一方面，采用高科技材料和合理的结构保护柔软的人体，使连衣裙的设计创作空间和不同材质的融合设计变得无穷无尽。

解析连衣裙的衣身结构：按其结构可分为一体式和分段式两类。一体式连衣裙的衣身结构是覆盖人体躯干的上下部分没有明显的分割，而分段式连衣裙的衣身结构是以腰节线的高低变化、上下拼接变化设计为特色。按连衣裙造型又可分为A型、H型、T型和X型，它侧重连衣裙的外轮廓型的提炼，由此还繁衍出无数形式，如O型、S型、Y型等。

1. 一体式连衣裙的创意设计

连衣裙的代表性作品非常多，如著名的服装设计大师可可·夏奈儿、克里斯汀·迪奥、亚历山大·麦昆等都完美地演绎过连衣裙的优雅、华丽。值得一提的是20世纪50年代具有代表性的直身"筒形裙装"（伊夫·圣·洛朗设计），使裙装造型进一步单纯化和抽象化，其更注重裙装的服用效果：宽松、轻便而舒适。随着新材料、新技术的开发，现代连衣裙的形式也多种多样，就其风格而言有休闲式、迷你式、民族式、怀旧式等。

休闲式连衣裙是适合场合、使用范围最广的服饰之一，也在服饰舞台上流行最长久。休闲式连衣裙结构简洁、宽松，常采用自然、舒适的原材料来描绘人体，象征服装设计回归自然、以人为本的直率、自信、简洁。它既需满足人体活动的需要又要保持舒适和优雅，见图3-1-7~图3-1-9所示舒适、简洁的休闲类服饰设计。

迷你式连衣裙：迷你裙是玛丽·奎恩特（Mary Quant）为年轻女孩子设计的简洁、年轻、色彩鲜艳的裙子，这种让腿部看起来更修长的裙子，是时尚创新的产物，年轻的女性不再因露出大腿而羞怯，她们可以尽情地展示腿部的美，从而开创了短裙时代。随后，设计师们以期对时尚敏锐的嗅觉，将天马行空的想象注入时装，如另一位著名的服装设计师维维安·韦斯特伍德（Vivienne Westwood）其重要的代表作"迷你克莉妮"系列服装秀，其灵感来源于维多利亚时代的钢丝衬裙，这种短短的、鱼骨裙撑样式的蘑菇形泡泡裙，演绎和开创了迷你裙的新廓型。由此，迷你短裙和迷你连衣裙的设计元素在服饰设计的历史长河中反复出现，经久不衰。见图3-1-10、图3-1-11所示融合了花卉、植物为设计元素的迷你连衣裙变款设计及图3-1-12、图3-1-13所示廓型夸张的迷你裙。

民族元素连衣裙：不同的地域环境孕育了不同国家、地区独特的服饰风貌，东西服饰就有着截然不同的品味，对时尚的界定也千差万别。例如著名设计师瓦伦蒂诺·加拉瓦尼（Valentino）在20世纪末推出的灰色系列中，合体的裁剪、柔软的丝绸加上中国盘扣的大量出现，导致中国风在国际时尚舞台上的盛行。因此，一名优秀的时装设计师虽不会对每一种特定的服装风格进行价值评估，但会对这些千变万化的服饰进行追本溯源，以不变应万变。由此可见，一个区域

图3-1-7　　图3-1-8

图3-1-9

多样化的民族服饰风貌，大大丰富了我们的设计元素，见图3-1-14所示以泰国的建筑文化为设计灵感来源创作的服饰、图3-1-15所示以传统旗袍为设计元素的系列设计作品，见图3-1-16和图3-1-17所示以中国传统文字、京剧脸谱为设计创作灵感的系列设计作品以及图3-1-18所示中国水墨画与丝绸、印花、手绘相结合的系列设计作品。

礼服类连衣裙：婀娜多姿的曲线美是礼服类连衣裙的代名词，见图3-1-19、图3-1-20所示高档礼服的变款设计。例如杰奎琳·肯尼迪在一次访问法国的时候，穿着纪梵希设计的一条象牙色的绣花长裙，线条简洁而优雅，恰到好处地衬托出她的高贵与美丽，这套外交史上著名的晚礼服一经亮

图3-1-10

图3-1-12

图3-1-11

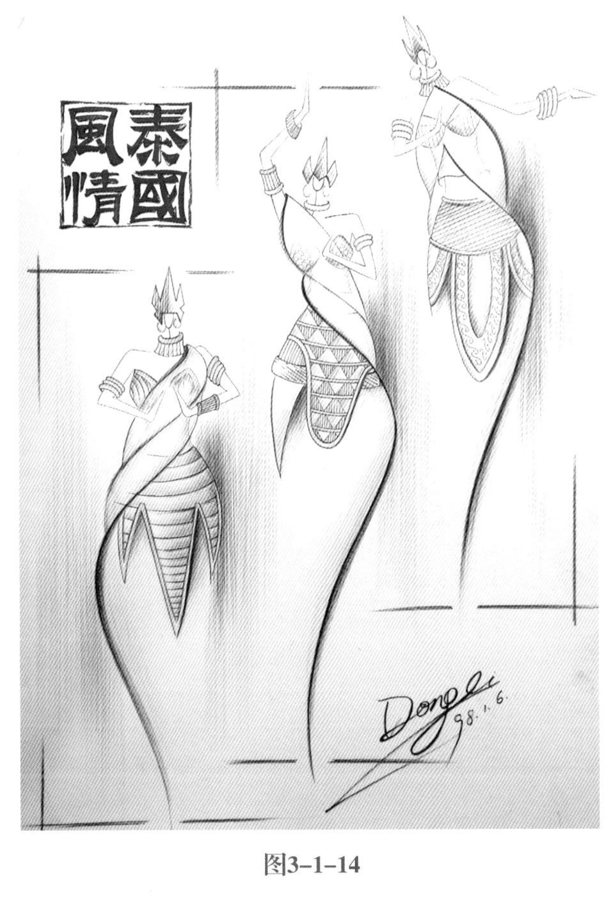

图3-1-14

图3-1-13

图3-1-15

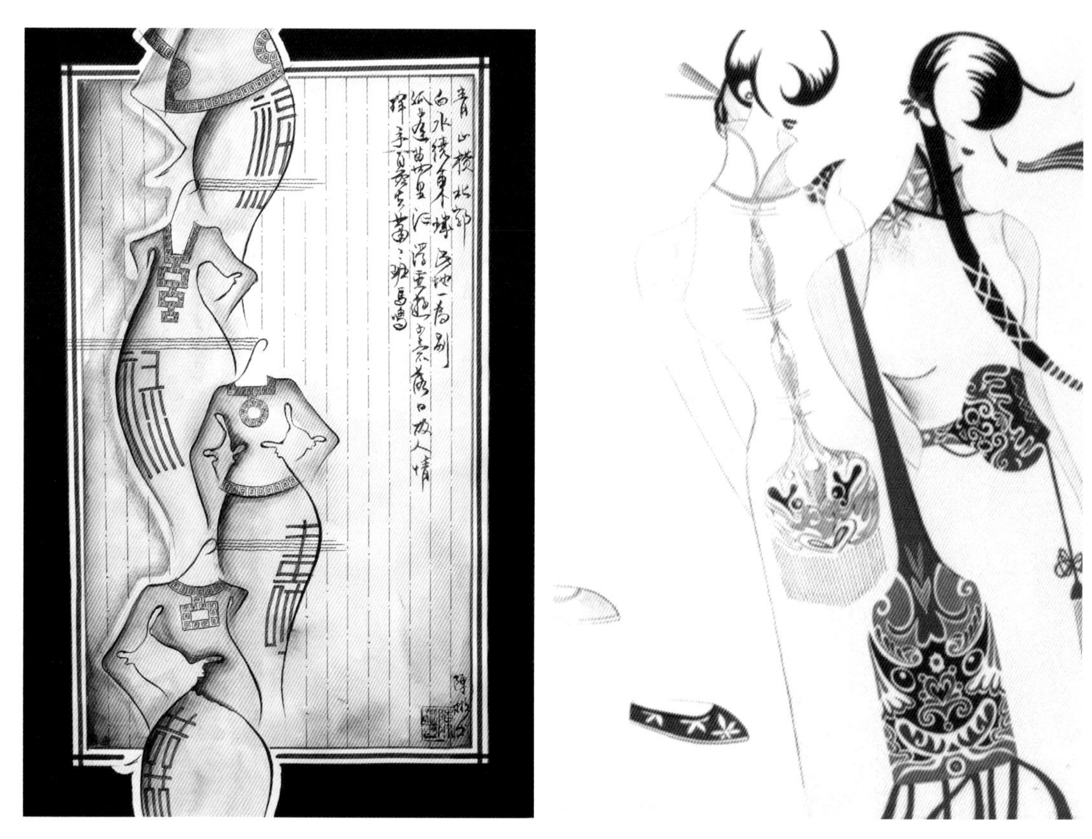

图3-1-16　　图3-1-17

图3-1-18

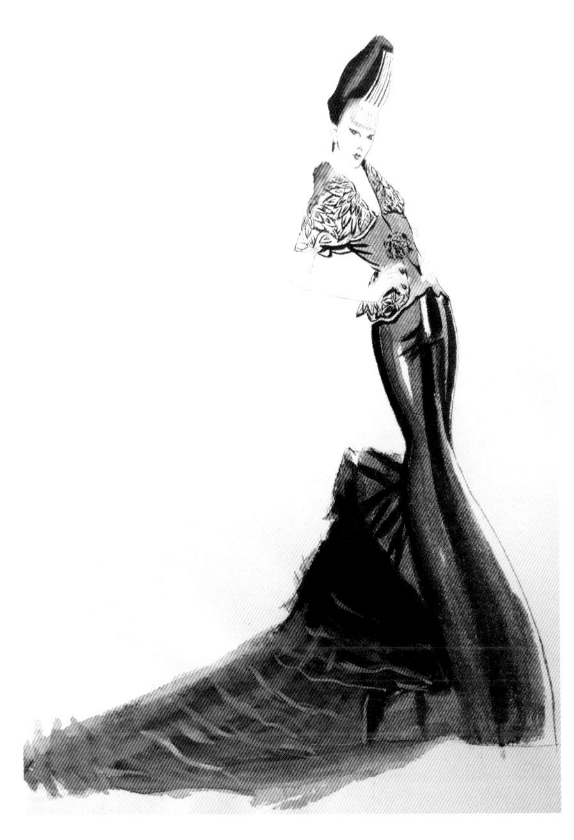

图3-1-19
图3-1-20

相，立刻令大西洋两岸的无数民众为之倾倒，如图3-1-21和图3-1-22所示不同风格的礼服类设计。

夸张式连衣裙：充满想象力的创意设计如前卫的、朋克的、宗教的……即便运用最简单的元素，例如腰带可以在服装上产生明显的视觉断层，同质地的腰带、抽绳式的腰带、金属装饰的腰带等都可以装饰在服装的任何一个部位，如袖子、侧缝、裤口、胸下等，通过增加或减少这些元素，从而对服装进行重组和再设计。因此，夸张式连衣裙通过材料的重组再造、钮扣拉链的装饰变化、结构造型的增减等都能塑造出别样的效果，见图3-1-23所示以植物花卉为设计灵感和设计元素的创意设计，图3-1-24所示以材料的结构变化为设计灵感的重组再造设计。

2. 分段式连衣裙的创意设计

奥卡姆剃刀（Ockham's razor）原理认为："万事万物都是平等的，但最好的解决方案通常都是最简单的。"将这个原理运用到服装设计中，就是简约而不简单，不要尝试用装饰来遮盖服装上的瑕疵，减少不必要的装饰细节，突出最重要的设计元素。例如瓦伦蒂诺1996/1997年发布的春夏粉色系列中，合体的短衣配以蕾丝或精美的荷叶边的A型裙，柔和的色彩加上特殊的针织面料，令人眼花缭乱。从合体的裁剪、圆润的肩部、粗细适中的皮带到细细的高跟鞋，让人们再次体味到女性的阴柔之美。见图3-1-25和图3-1-26所示分段式连衣裙的裙摆变化与设计以及图3-1-27所示分段式连衣裙的变款系列设计。

图3-1-21

图3-1-22

图3-1-23

图3-1-24

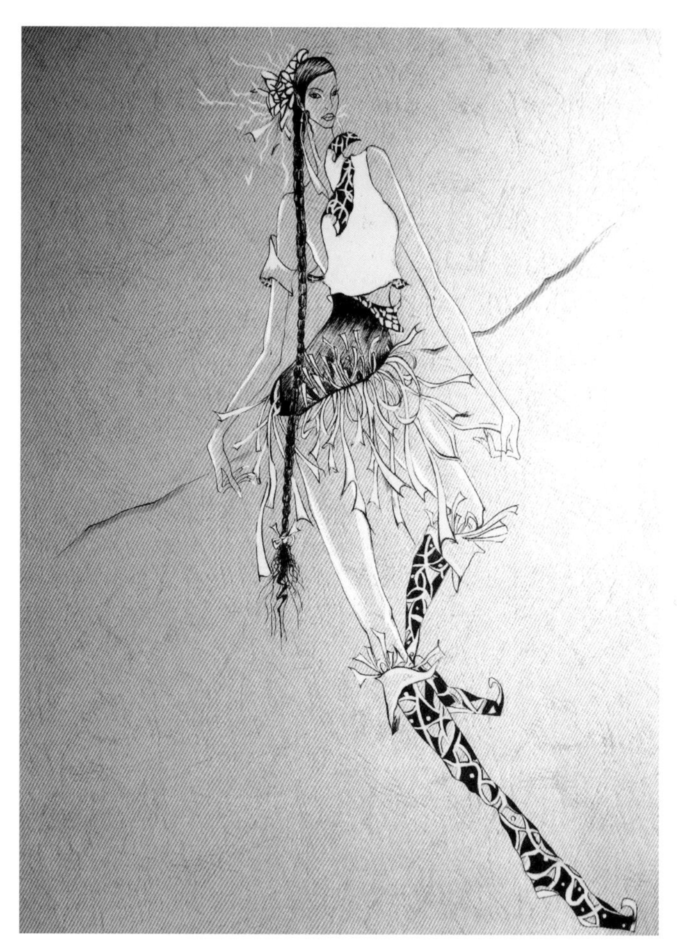

图3-1-25

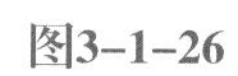

图3-1-26

图3-1-27

第二节　多层女裙的制作工艺与技术

一、多层女裙的款式特点

多层女短裙的款式特点是低腰、多片不对称裙片，侧开隐形拉链，见图3-2-1所示短裙的款式造型图。裙身结构：育克式拼接腰线，外部轮廓呈A字型的多层女短裙，不同材质六层裙片错落而成，见图3-2-2所示正背面款型图。

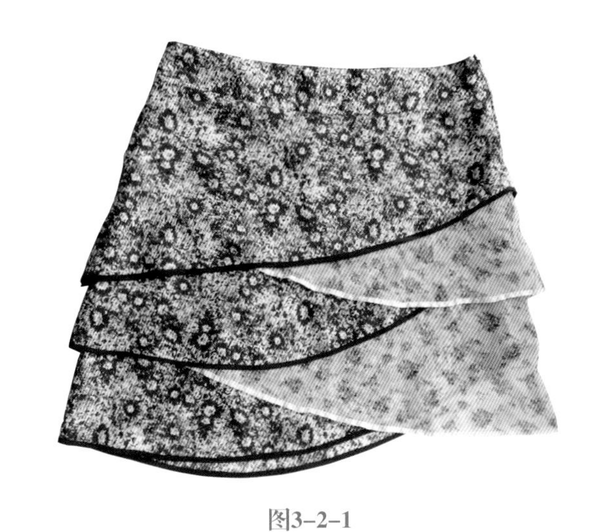

图3-2-1

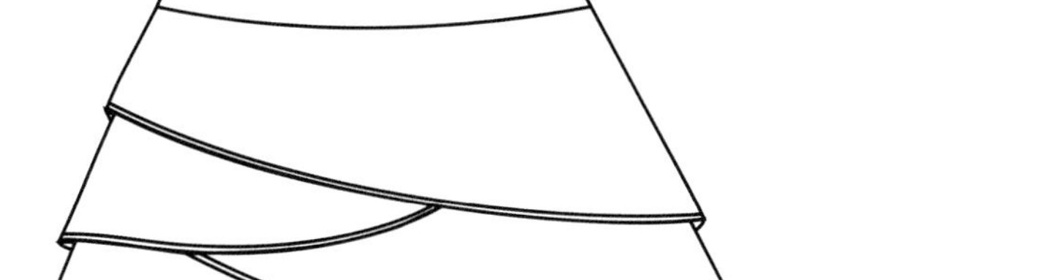

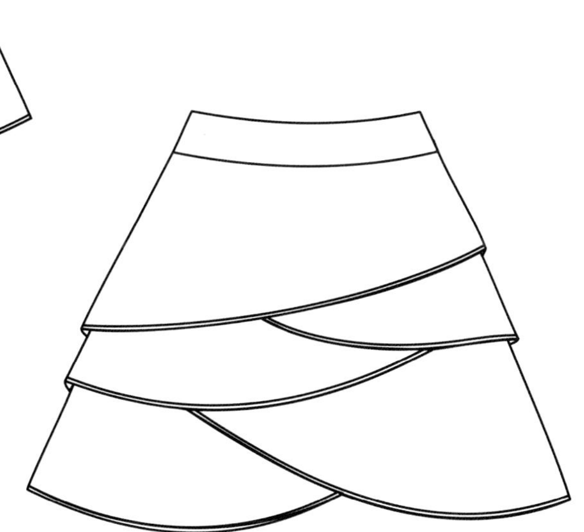

图3-2-2

二、多层女裙的质量要求与工艺流程

1.产品质量要求

1.1 样板制作要求

按裙样的款式设计、规格尺寸要求，通过原型与立体裁剪相结合的制作方式完成白坯布款式造型的设计，以白坯布为雏形，绘制完成基型母板，并完善所需号型的样板。工业样板可在此母板基础上，按照国家号型规格系列或指定号型进行推板，最后得到工业生产任务单中要求的各规格生产用系列样板，供企业工业化大生产排料、裁剪及设计工艺单时使用。

① 确定分割线位置：用标识线在人台上标出裙身育克的位置，如图3-2-3所示裙身育克分割线位置，这条红色分割线可根据款式设计的需要上下移动。接着用直尺调整上下、左右分割线的大小，使得育克分割线在人台上保持水平，如图3-2-4、图3-2-5所示检查育克分割线的位置。

② 分层定位裙片位置：按上下交错裙片的搭配，逐层、逐片先固定裙片的中心点，见图3-2-6所示固定前中线点；再向两侧展开，直至完全固定于人台两侧，见图3-2-7和图3-2-8所示逐层逐片固定两侧裙片。

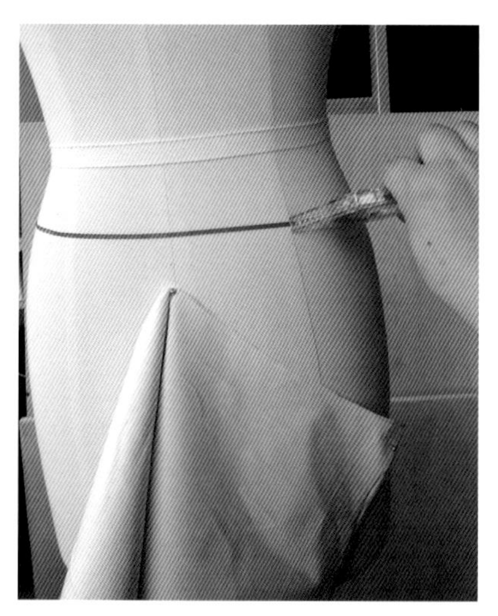

图3-2-3

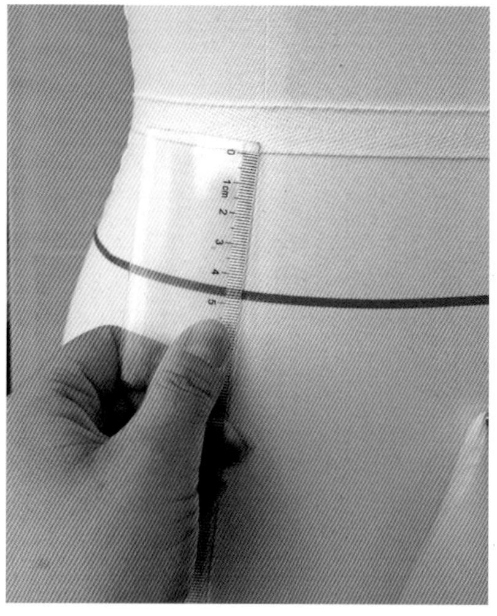

图3-2-4

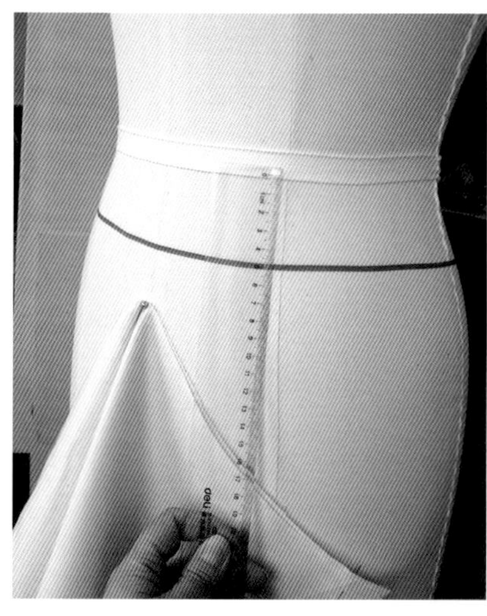

图3-2-5

图3-2-6

图3-2-7

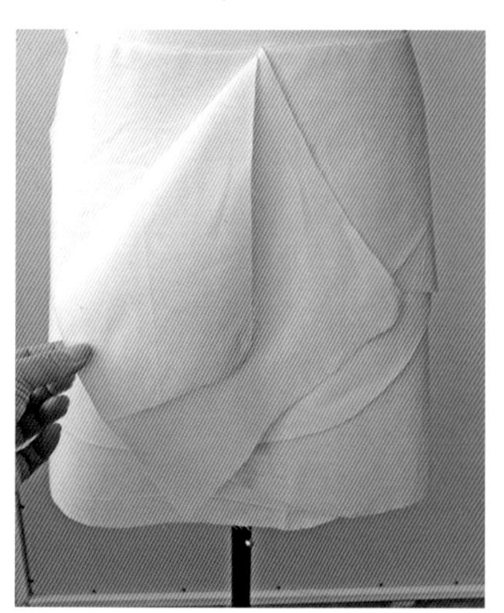

图3-2-8

③ 修劈裙裾弧线造型：在人台上观察裙裾的下摆，将其修剪、调整到合适的层次，裙裾弧线圆顺、不凸起，见图3-2-9~图3-2-11所示逐层修劈裙裾下摆。

1.2　裁片技术要求

核算用料：多层女短裙由于其不对称性和多片的裙身结构，该款短裙的排料和裁剪难度相对较大，具有费料、费工、费时的特点。首先预算出单件成品短裙的用料定额，加入适当的段耗量和裁耗量（段耗是指坯布经过排料后断布所产生的损耗；裁耗是排料后，面料在画样开裁中所产生的损耗）。再根据成品短裙的生产要求确定面辅材料。

检查裁片数量和质量：①检查不同层裁片的上下数量、前后数量是否准确，有没有出现一顺的裁片等，见图3-2-12所示检查裁片的倒顺方向。②在对位点、止口、缝制线迹等处做上相应的标记，见图3-2-13所示裁剪裙片。③将裙子裁片固定在人台上，观察其悬垂效果、分层分割效果及裙裾圆顺效果，见图3-2-14和图3-2-15所示部分裙片人台展示效果。④修补裁片中可修复的织疵，或调换有黄斑、油污、勾丝、漏洞等质量问题的裁片。

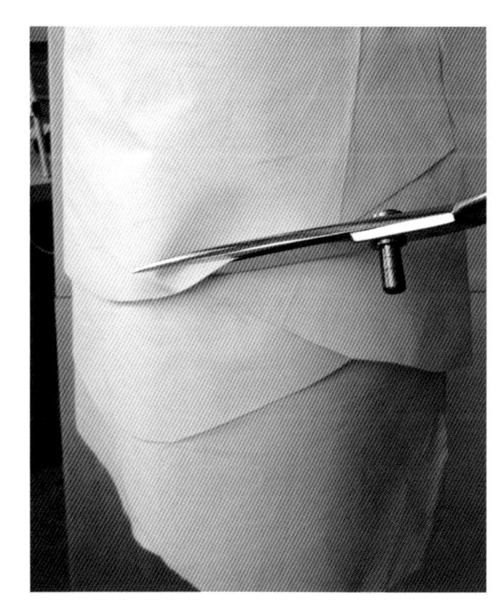

图3-2-9

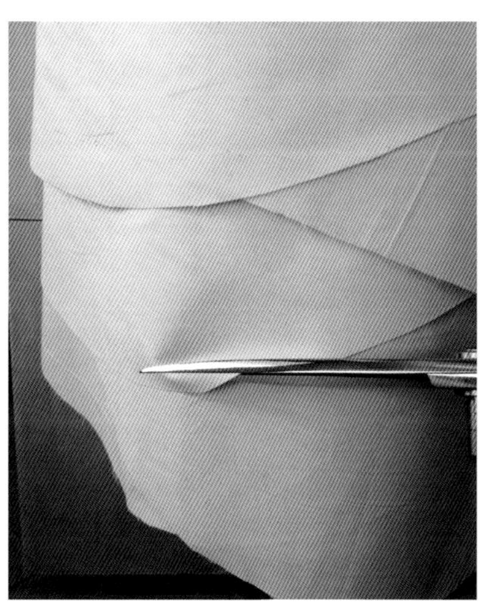

图3-2-10

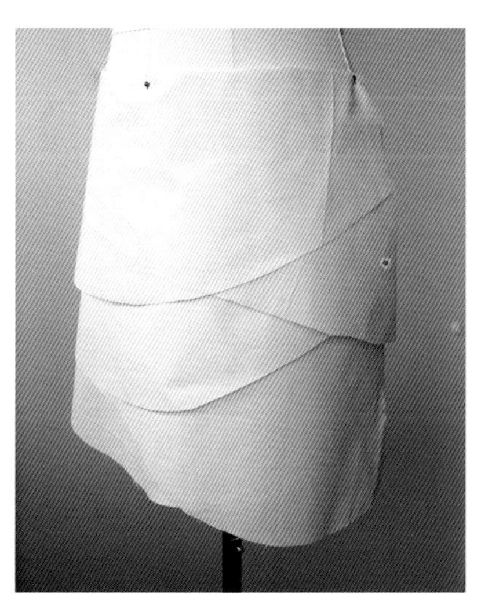

图3-2-11

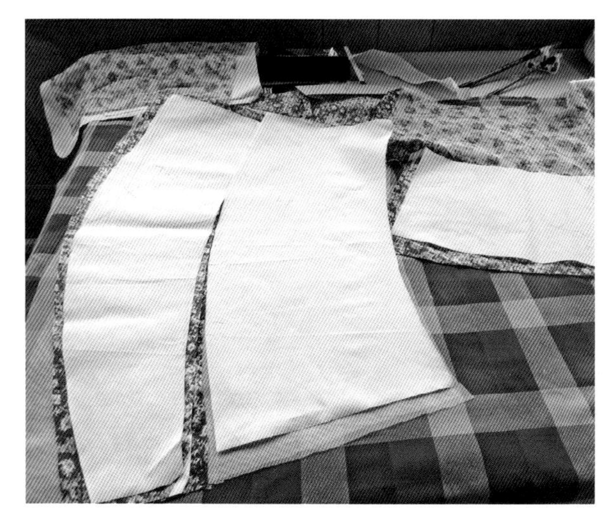

图3-2-12

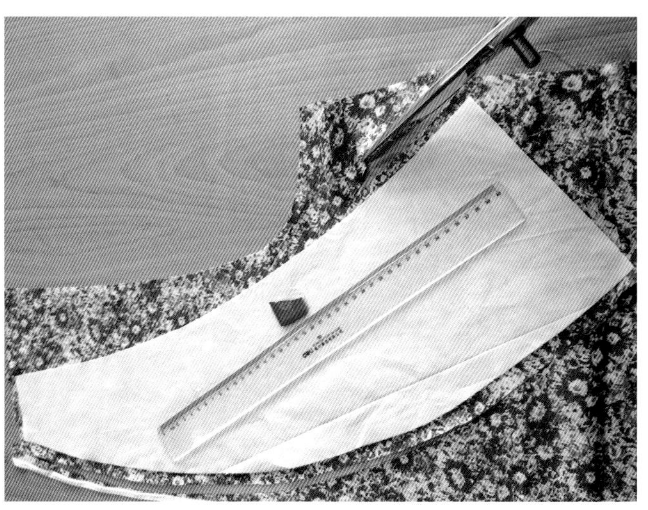

图3-2-13

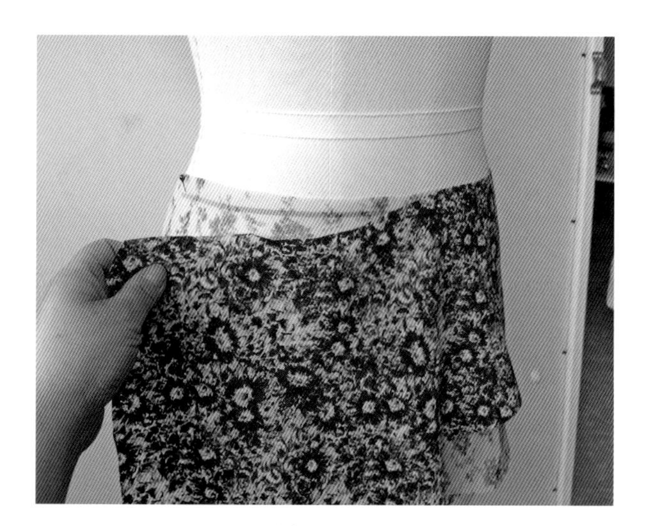

图3-2-14

图3-2-15

1.3　成品裙质量要求

①成品尺寸要求：成品裙的尺寸符合成品规格大小，误差在公差应许范围之内。这里的公差是指实际参数值的允许变动量，在服装行业中常用正负公差值（±公差值）来表示，“+”即上偏差，“-”即下偏差。

②制作质量要求：制作常规缝份均为1.0cm；裙裾滚条宽0.6cm，压缉线0.1cm单止口（也称清止口，不超过0.2cm），正反压缉线不能滑口（脱线）；低腰育克拼接前后、左右对齐，拼接止口顺畅、平整；隐形拉链平服，不露拉链底布。

③外观质量要求：短裙外观整洁，A型裙摆弧线自然流畅，裙裾滚条宽窄一致，平整顺直，不起涟漪、波浪。

2.制作工艺流程

裁剪做缝制标记→整理上下、前后裙片→腰部育克的配衬与黏合→完成部件滚条熨烫→前后裙侧片拷边→拼接缝合左右裙侧缝→熨烫裙侧缝→滚裙裾→装隐形拉链→整烫与后整理。

三、多层女裙的细节设计与工艺

1.缝制前准备技术

1.1　部件黏合衬的裁剪与黏合

采用热熔胶涂层为聚酰胺（PA）的黏合衬，在裙腰面、裙腰里、装拉链处黏上无纺衬，见图3-2-16所示部件的配衬，衬的丝络方向应尽可能与裙腰裁片的丝缕保持一致。可采用人工熨烫黏合的方式，熨烫的目的是让黏合衬上的热熔胶彻底融化后与面布完全黏合在一起，黏合时在熨斗上应施加一定的压力，见图3-2-17所示部件的黏衬方式，以确保腰面、腰里的表面不起泡、不起皱，保证腰头的美观和质量。

1.2　重要部位的缝制标记与修劈

采用铅笔、消失笔、划粉等工具，在裁片上标注相应的缝制记号，如拼接定位、缝份大小，见图3-2-18所示腰部育克的缝制净样标记。接着在裁片上用划粉做对合标记，为了便于缝合腰部育克与多层裙片的拼接，再根据净样线修劈腰部育克的缝份为1.0cm，见图3-2-19所示修劈缝份。

分层多片裙的定位：将多片裙片按序、按层叠放，用划粉先将一片分层裙片位置划好，再用

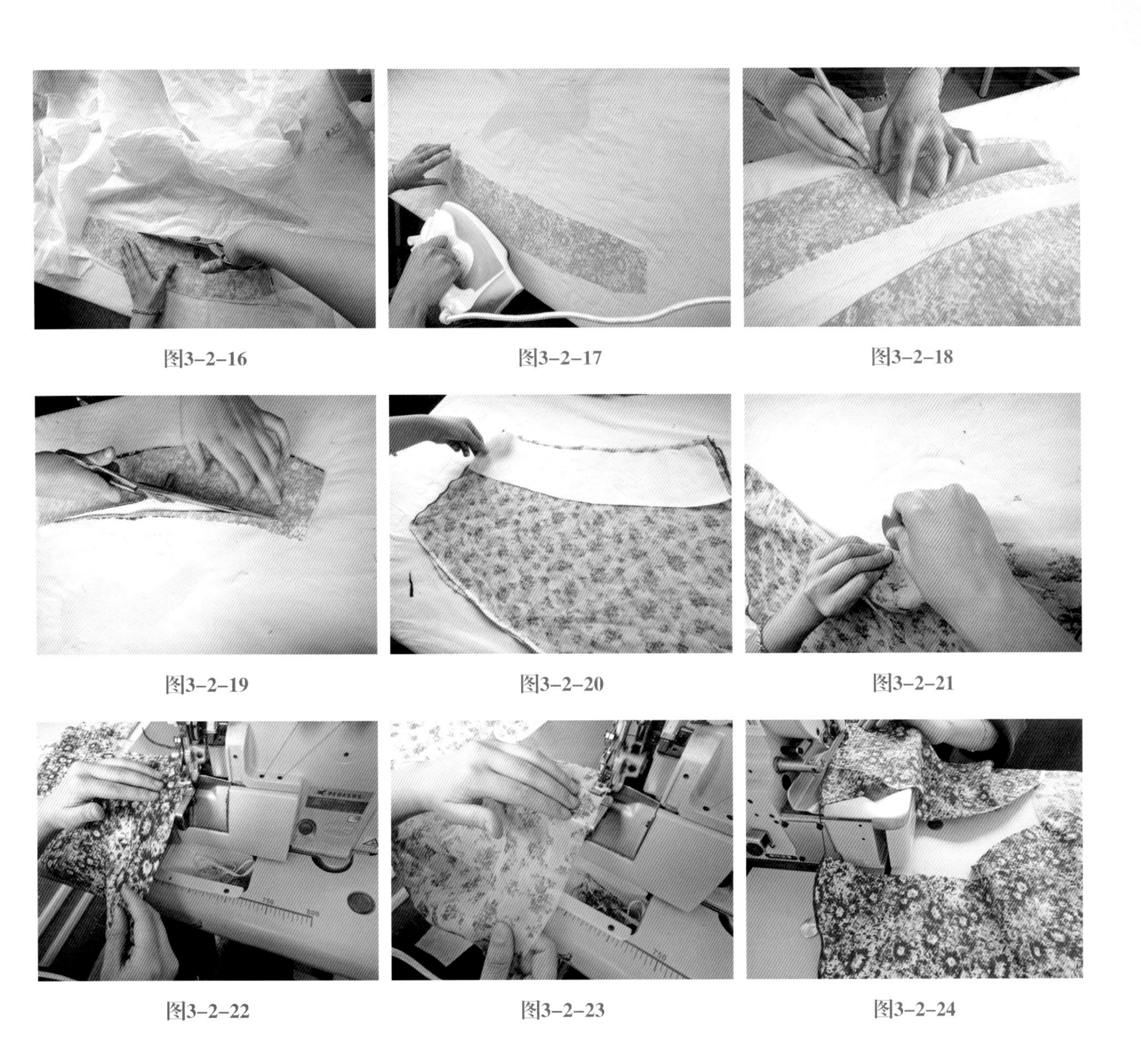

图3-2-16　图3-2-17　图3-2-18

图3-2-19　图3-2-20　图3-2-21

图3-2-22　图3-2-23　图3-2-24

点画线的方式用大拇指固定翻折，定出前后片的分割位置，见图3-2-20和图3-2-21所示多层裙片的定位。

2.部件拷边技术

2.1　拷边的手势与技巧

拷边是服装缝制中常用的锁边技术，也是成品质量优劣的重要标志性指标之一。高质量的成品常采用与面料同色的线拷边，拷边线迹上下张力、松紧均匀，线迹平整，没有抛线与滑口。拷边时，先抬右脚将面料送入拷边压脚，左手四指轻压面料置于机器压脚的左侧，右手五指抚顺拷边止口，随着机器运转轻轻夹送面料，见图3-2-22和图3-2-23所示拷边手势的摆放。

2.2　拷边的方位与技巧

裁片拷边的方向一般是由缝份的倒向来决定，如果是分开缝，则是以面料正面朝上拷边；如果是倒倒缝（即两片面料缝合后一起向一侧），则是以面料缝合后非倒向的一侧为正面拷边，见图3-2-24所示分开缝的拷边。

快速辨别裁片正面的小技巧是将两两对称的

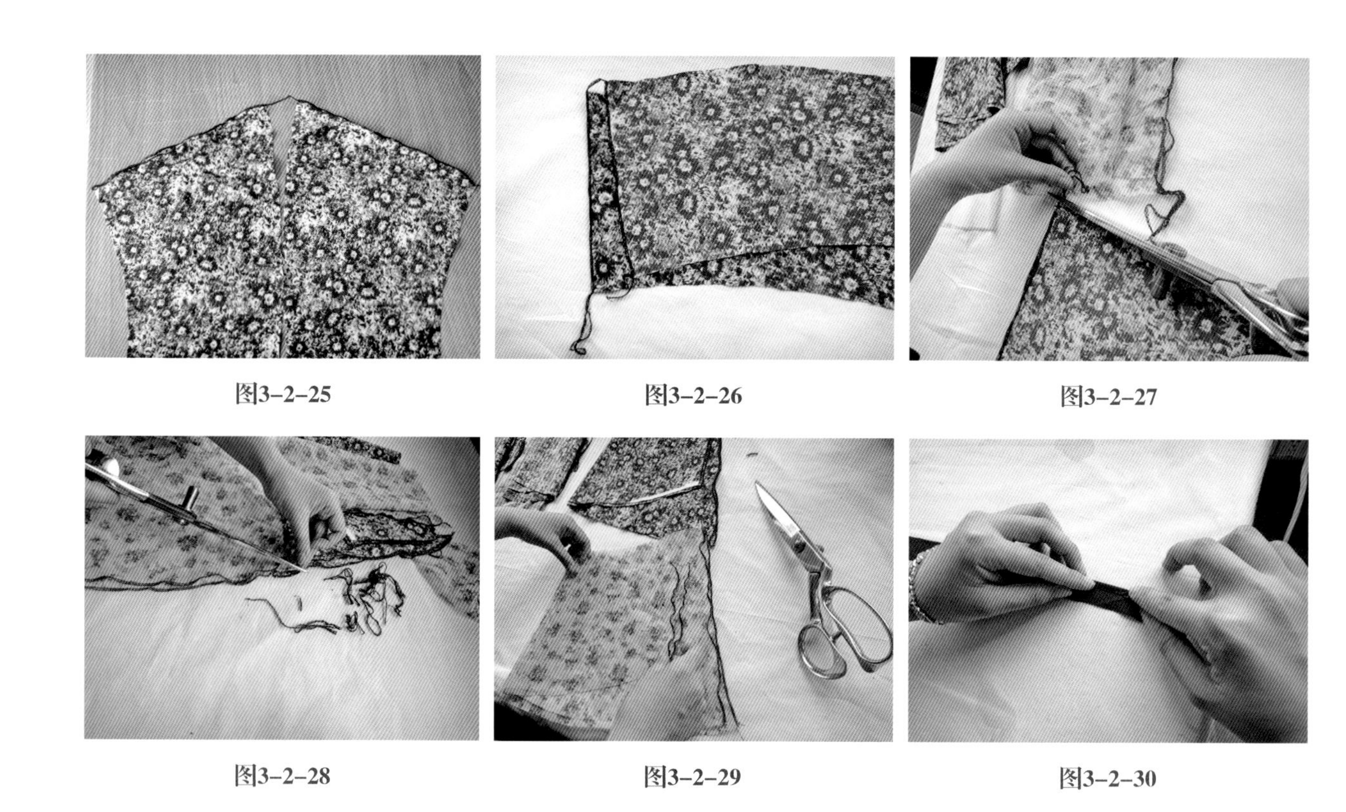

图3-2-25 图3-2-26 图3-2-27

图3-2-28 图3-2-29 图3-2-30

裁片先沿着一片面料正面的缝份拷边，结束后不断线，再接着沿对合的另一片面料正面拷边，见图3-2-25所示对称裁片的拷边。这种拷边技巧可以避免拷边出现同向一顺的现象，既省时又便捷。

2.3 拷边线的整理技巧

完成裙子裁片的拷边后，对裁片的拷边线进行整理，剪去裁片止口顶端的多余拷边线，以便裁片对合缝制时缉线更准确、更美观，见图3-2-26和图3-2-27所示剪去多余拷边线。

整理拷边线技巧：将两块裁片正面对合，一手拉住多余的拷边线，另一手用剪刀沿着止口边缘剪去多余的拷边线，见图3-2-28所示整理拷边线。接着，将多片裙按序排列整齐分层别类整理裙子裁片，见图3-2-29所示。

3.裙裾滚边技术

3.1 熨烫滚条技巧

熨烫滚条技巧一：首先将4.0cm宽的斜条熨平，一边止口翻折0.8cm烫平、压死，见图3-2-30所示，接着再连续翻折2次烫平，见图3-2-31所示。

熨烫滚条技巧二：将4.0cm宽的斜条左右翻折0.8cm烫平，见图3-2-32所示，接着对折熨烫滚条，对折滚条烫出下层比上层多出0.1cm的里外匀，见图3-2-33所示双层成品滚条。

3.2 缝合滚条技巧

用镊子夹住滚条头，滚条宽的一面置于下面将裙裾止口夹在滚条中间，见图3-2-34所示夹装装饰滚条，接着左手压住裙裾和滚条，右手将裙裾边缘梳理整齐，完全置于滚条中，见图3-2-35所示梳理裙裾毛缝，最后压缉滚条0.1cm单止口，要求滚条止口宽窄一致，缉线顺畅，见图3-2-36所示压缉装饰滚条。

也可采用现成的同色或撞色滚条，这样制作工序和使用方法相对简洁、方便（图3-2-37）。同样将裙裾完全夹在滚条中，用镊子夹紧三层裙裾

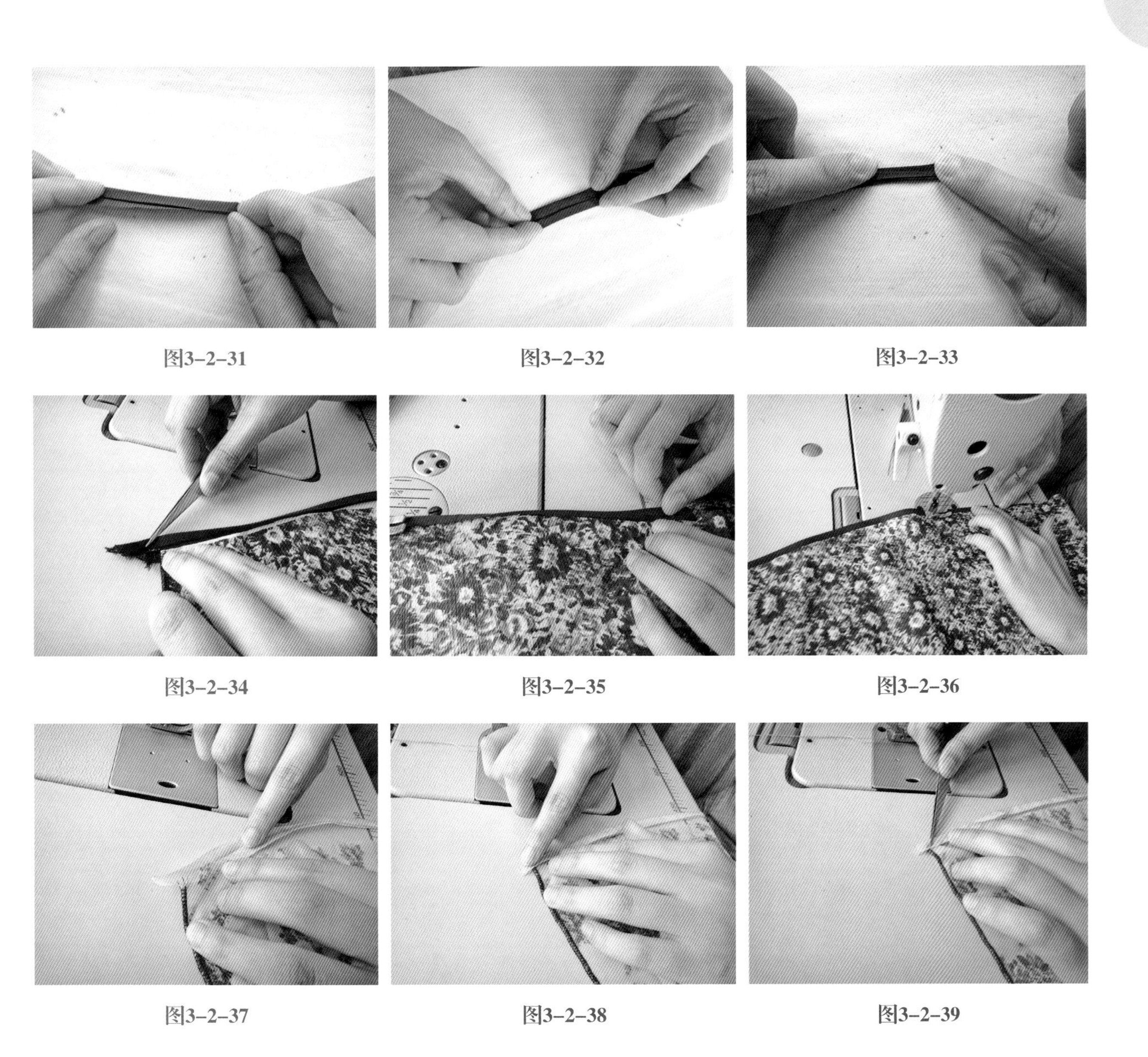

图3-2-31　图3-2-32　图3-2-33

图3-2-34　图3-2-35　图3-2-36

图3-2-37　图3-2-38　图3-2-39

止口，压缉0.1cm单止口即可，见图3-2-38和图3-2-39所示单层同色滚条。

以上两种不同的滚条各有特点。双层滚条：一般采用裙身本色或撞色面料熨烫而成，可选择的色彩相对较多，也较易配同色系的滚条，但熨烫成均匀宽度的滚条不易，且滚条的层数较多且厚，给缝制带来一定的难度。单层滚条：常用于轻薄面料，滚条的层数少而薄，制作便捷、美观，但配置同色系成品面料的滚条有一定的难度，见图3-2-40所示不同滚条的外观效果。

图3-2-40

四、多层女裙的制作技术

1. 做裙衬里

图3-2-41

图3-2-42

步骤一：采用点画线的方式，用白坯布或纸样在裙衬缝合上标出分层裙的位置，再将裙子的裁片复在裙衬里上，最后复合和检查裁片的位置及准确性，见图3-2-41和图3-2-42所示裙衬的定位。

步骤二：接着拼接裙衬的侧缝，缝制的手势是左右置于压脚左侧，右手夹扶两层侧缝，匀速压缉1.0cm缝份，见图3-2-43所示压缉裙衬里侧缝。侧缝的缝纫倒向后片，充分利用大拇指的优势，直接用指甲刮压缝份，这样可免于熨烫缝口，见图3-2-44所示刮压缝份倒向。

步骤三：将最后一层分片裙的另一侧止口压烫1.0cm缝份，裙面侧缝与裙衬里侧缝对齐，见图3-2-45所示对齐缝制位置，再将裙面与裙衬里固定，压缉0.1cm止口，见图3-2-46所示压缉分割线单止口。

步骤四：将裙衬里安置在人台上，检查裙摆的弧线止口是否圆顺，分割缉线弧线的流畅性和缉线的质量，见图3-2-47所示裙衬里完成效果。

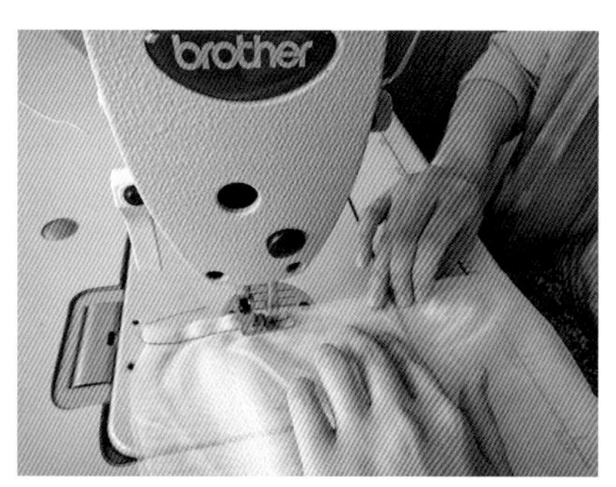

图3-2-43

图3-2-44

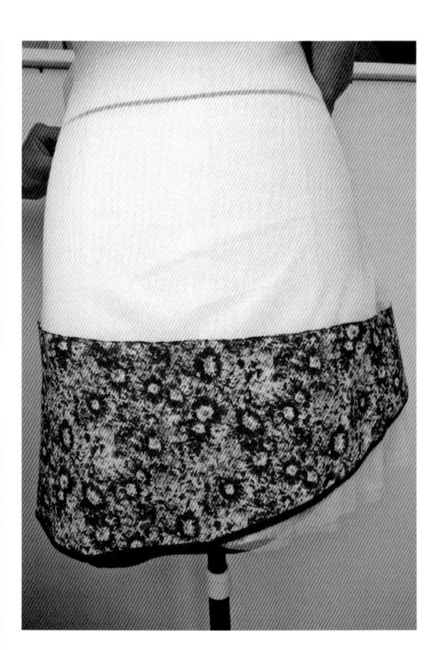

图3-2-47

图3-2-45

图3-2-46

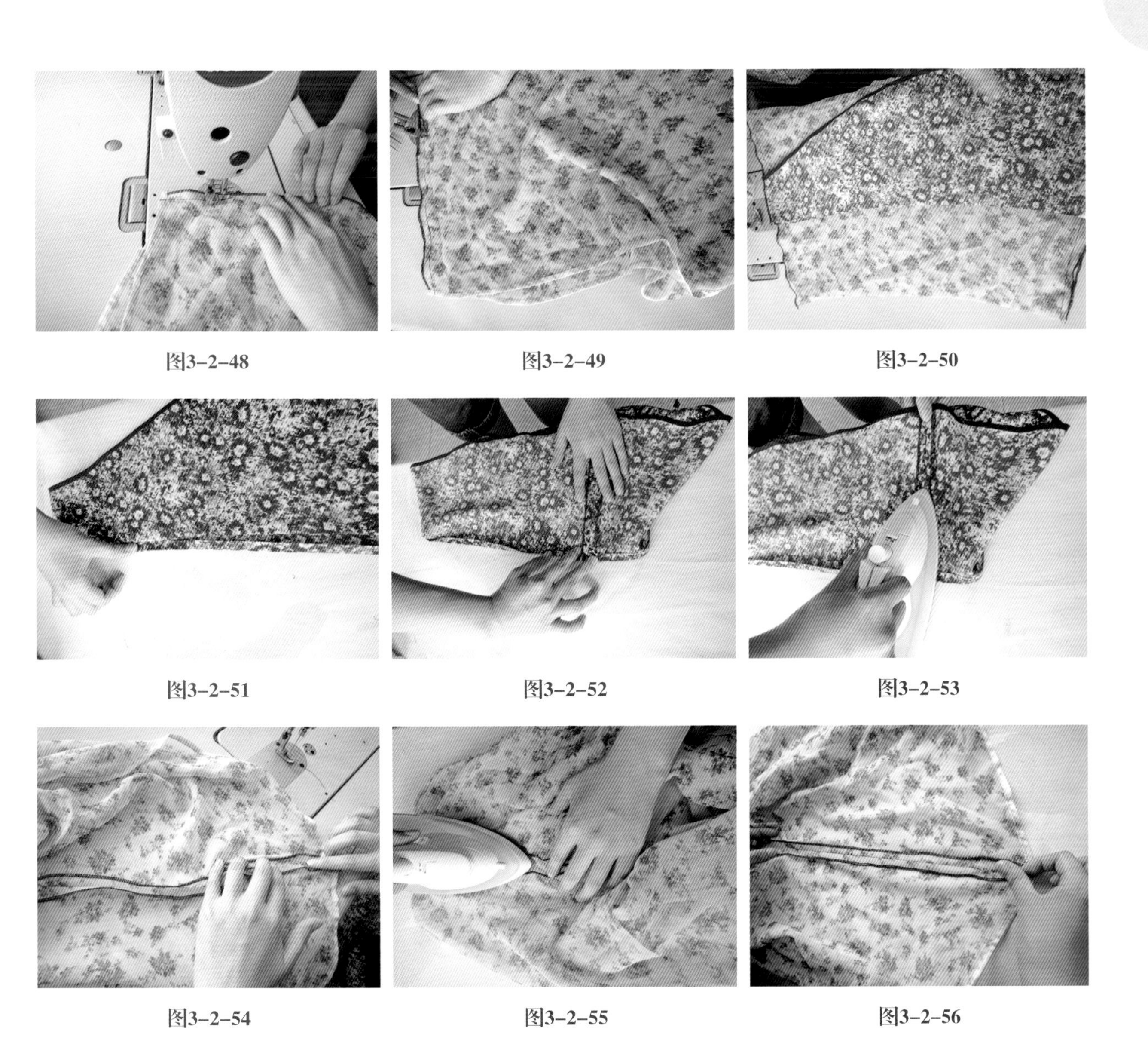

图3-2-48　图3-2-49　图3-2-50

图3-2-51　图3-2-52　图3-2-53

图3-2-54　图3-2-55　图3-2-56

2. 做侧缝

将前后裙片正面相对，上层适当放松下层适当拉紧，沿拷边线压缉1.0cm缝份，见图3-2-48和图3-2-49所示压缉侧缝。

3. 做多层裙

步骤一：将不同面料、不同层次的裙片按分割结构线定位，检查裁片的数量、正反等，可使用划粉、消失划粉等工具标出缝制位置，见图3-2-50所示不同裙片定位。

步骤二：将裁片上腰止口处压烫1.0cm缝份，由于该止口为全弧线斜丝缕，因此熨烫时要进行适当的归拔，见图3-2-51所示压烫裙片上端止口线。接着用熨斗将侧缝的分开缝压死、烫平，见图3-2-52和图3-2-53所示压烫裙侧缝缝份。

步骤三：缝制另一层裙片的侧缝，也是按拷边线压缉1.0cm缝份，先用手指将缝份扳开抚顺，再用熨斗的蒸汽部分熨烫分开缝，注意控制熨斗的温度，见图3-2-54和图3-2-55压烫分开缝。以此类推，将所有的裙片侧缝压缉1.0cm缝份，并烫分开缝，见图3-2-56和图3-2-57所示裙片分开缝效果。

步骤四：将不同材料的裙片用大头针按结构分割线的要求做临时固定，固定时注意不同材质的吃势量，见图3-2-58和图3-2-59所示固定不同裙片。接着用镊子配合左手将裙片送至压脚下，均匀压缉0.1cm止口，见图3-2-60和图3-2-61所示压缉分割线单止口。

步骤五：先将最上面两层裙片叠放，两片裙腰口对齐抚平，见图3-2-62和图3-2-63所示放置上面两层裙片，以此类推将所有裙片按序叠放整齐。接着，将所有腰口与其固定，两侧腰口缝纫点对齐，见图3-2-64和图3-2-65所示对齐腰口线。最后，左手四指扶住腰口，右手抓紧对齐位置，压缉0.8cm缝份，见图3-2-66所示压缉腰口固定线图3-2-67所示为半成品多层裙效果。

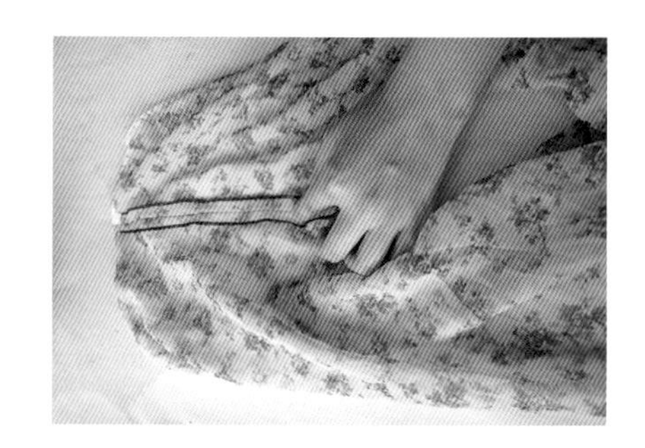

图3-2-57

图3-2-58

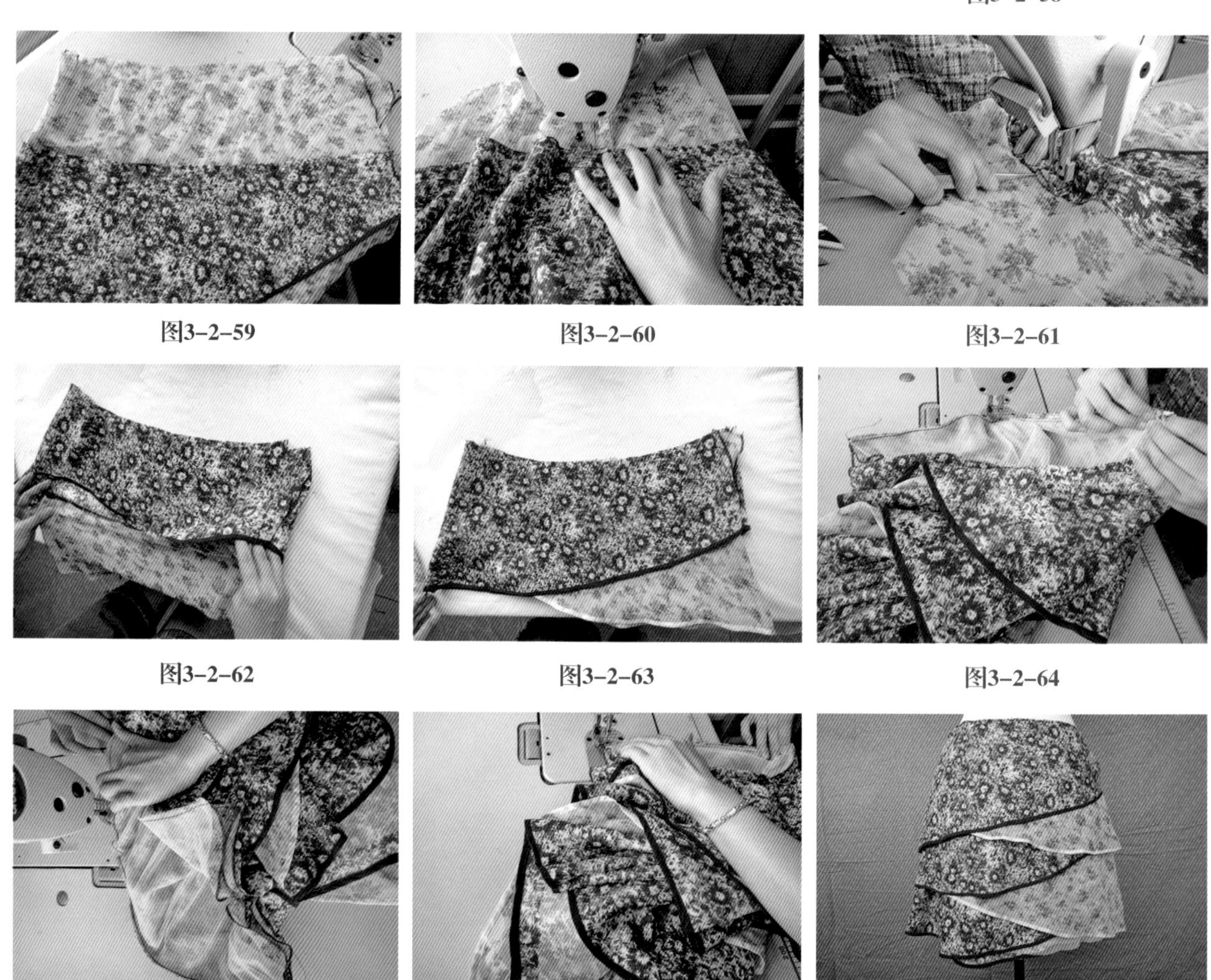

图3-2-59

图3-2-60

图3-2-61

图3-2-62

图3-2-63

图3-2-64

图3-2-65

图3-2-66

图3-2-67

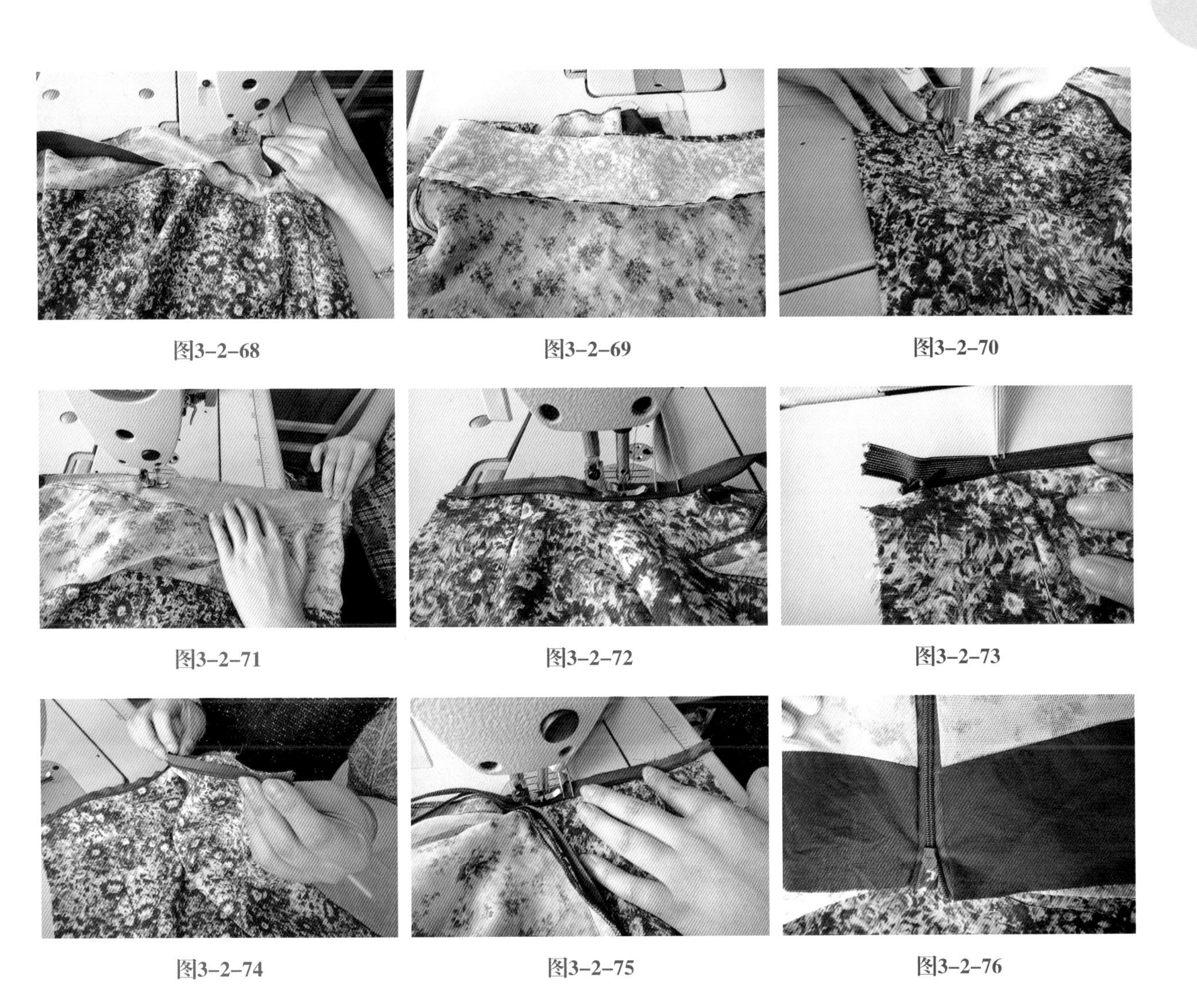

图3-2-68　图3-2-69　图3-2-70

图3-2-71　图3-2-72　图3-2-73

图3-2-74　图3-2-75　图3-2-76

4. 复合裙腰育克

先将腰面育克和腰里育克分别与裙身固定，压缉1.0cm缝份，见图3-2-68和图3-2-69所示单片固定裙腰育克，最后再拼接腰头。

接着在裙腰正面，缝份倒向腰口，压缉0.1cm单止口，见图3-2-70所示压缉裙腰育克缉线，最后拼接裙腰育克上口弧线，同样压缉1.0cm缝份，见图3-2-71所示压缉腰口弧线，将腰口缝份修劈至0.5cm。

5. 装隐形拉链

使用单边压脚或隐形拉链压脚，将隐形拉链的正面与裙片正面相对，用镊子扳开隐形拉链的齿链，从腰头向裙摆方向，单边压脚贴着齿链边缘缉线，见图3-2-72所示压缉单边隐形拉链手势。完成后，闭合隐形拉链，在裙子正面观察隐形拉链的闭合程度，并在拉链面上标出前后裙腰育克分割线的对合位置，见图3-2-73所示。

接着，将另一侧隐形拉链正面与另一片裙片正面相对，复合拉链长度位置，见图3-2-74所示复合隐形拉链长度。然后从裙摆向腰口方向，用镊子扳开齿链压缉隐形拉链，见图3-2-75所示复合隐形拉链。

采用同样方法，将隐形拉链与裙衬里固定，复合时拉链面与裙衬里有0.3~0.5cm的间距，便于裙腰育克止口尽头的缝制工艺处理，见图3-2-76所示复合裙衬里的隐形拉链和图3-2-77所示隐形拉链完成效果。

图3-2-77

图3-2-78

五、多层女裙的后整理技术

① 整理多层女短裙上的污渍、线头，再用蒸汽熨斗盖烫布分别熨烫分层短裙的裙裾，要求其重要部位不起拧、无黄斑。

② 切忌熨斗高温直接接触、挤压雪纺真丝面料；将裙裾同色撞色滚条压烫平服，不出现涟迹；在隐形拉链处覆盖白烫布从腰口开始蒸汽熨烫，避免出现极光、黄斑；其他部位熨烫根据缝份的倒向，在反面将左右侧缝烫分开缝，压烫平整，见图3-2-78所示多层女短裙的成品效果。

第三节　各种拉链的制作细节与技术

常言道“于细微处见精神”。服装设计固然要把握服装的整体造型、色彩及面料的选择，但部件的设计也是发挥设计师灵感的重要组成部分，是有别于其他设计师而获得成功的秘诀所在，对服装细部的刻划犹如文学中对细节的描述，这一细节将导致产生最佳的造型效果。因此，服装也如同机器一样，是由各种“零部件”连结而成，拉链在服装连接中的作用显而易见。

拉链（zipper）在20世纪初应用于服装后，迅速成为服饰的宠儿，其在现代服饰设计中的地位独具一格，同时，多样化的拉链也从一个方面表明了人们审美及服装工艺的进化和演变过程，见图3-3-1所示各类拉链的应用效果。

拉链由拉头、链牙、布带组成，是依靠拉头夹持两侧排列链牙使物品并合或分离的连接件。拉链的材质有金属拉链、尼龙拉链、树脂拉链，按其功能有单开自锁、双开自锁、隐形拉链等之别，按规格有3#、5#、10#……，它是各类服饰中兼具实用功能和装饰功能的重要组件之一。根据不同拉链型号、品种，在拉链的制作技术上变化也较大，下面按不同的制作工艺，详细分解其制作细节，介绍制作技巧。

图3-3-1

一、露齿拉链的制作工艺与技术

步骤一：首先在面料的反面用消失笔标出复合拉链长度的位置，拉链头部止口距离缝份1.0cm处，拉链尾部金属封口处在倒“T”的圆点处，即镊子指示位置，见图3-3-2所示拉链定位标记。接着，用剪刀沿蓝色线剪开至三角形处，剪出一条等腰三角形的斜边，再剪出另一条等腰三角形的斜边，见图3-3-3和图3-3-4所示拉链止口的等腰三角形。

步骤二：将剪开的直线缝份和止口三角线在面料的反面分别压烫平整，见图3-3-5所示压烫露齿缝份，也可用大拇指的指甲刮压缝份，见图3-3-6所示刮压露齿缝份。

步骤三：用镊子将拉链的正面置于面料U型缺口之下，拉链齿与面料相距0.5cm，即一压脚距离，见图3-3-7所示压缉拉链单止口。接着沿面料U型止口压缉0.1cm单止口，见图3-3-8和图3-3-9所示压缉拉链止口明线。

步骤四：在拉链尾部止口处，沿终端缉线再压缉垂线为0.6cm的等腰三角线封口，见图3-3-10和图3-3-11所示封三角形止口。封三角形止口的目的是为了加固拉链与面料的吃力强度，也起到了美化局部细节的作用。

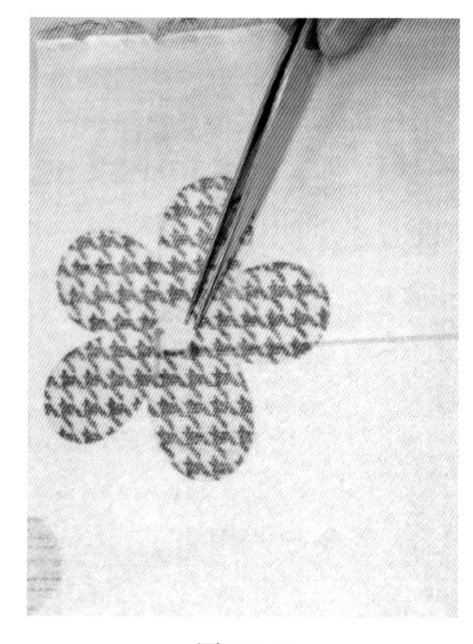

图3-3-2

图3-3-3

图3-3-4

图3-3-5

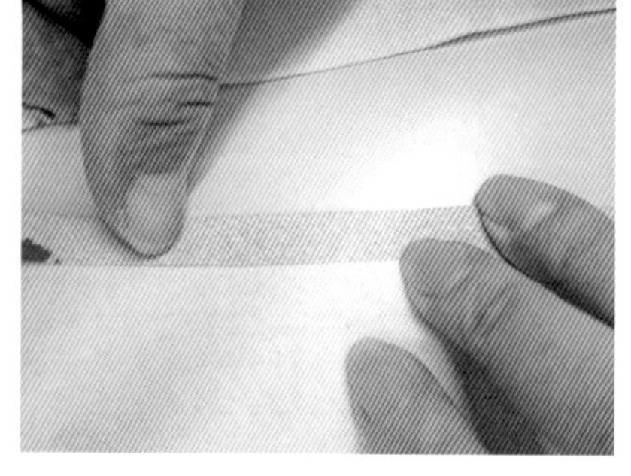

图3-3-6

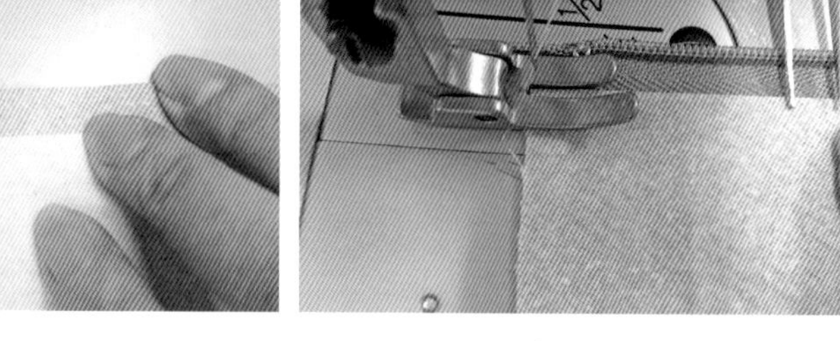

图3-3-7

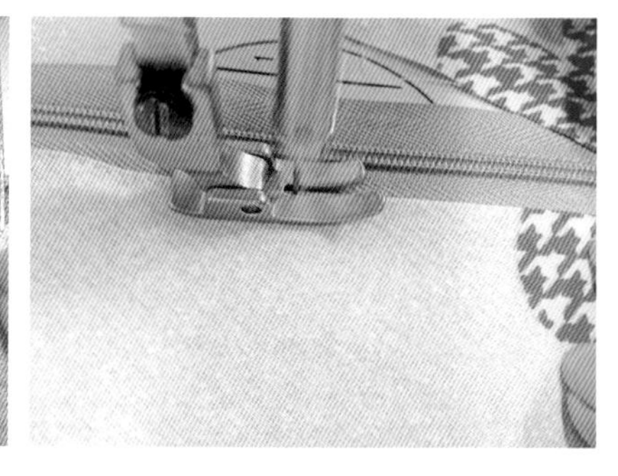

图3-3-8

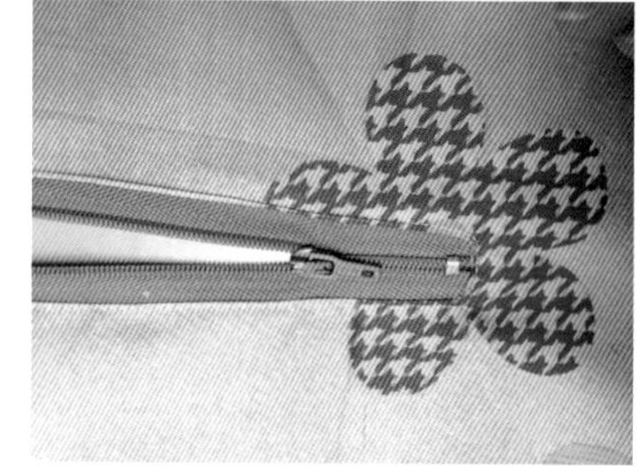

图3-3-9

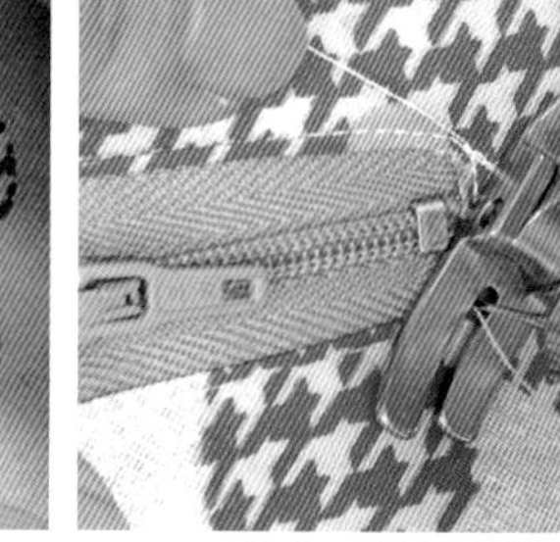

图3-3-10

图3-3-11

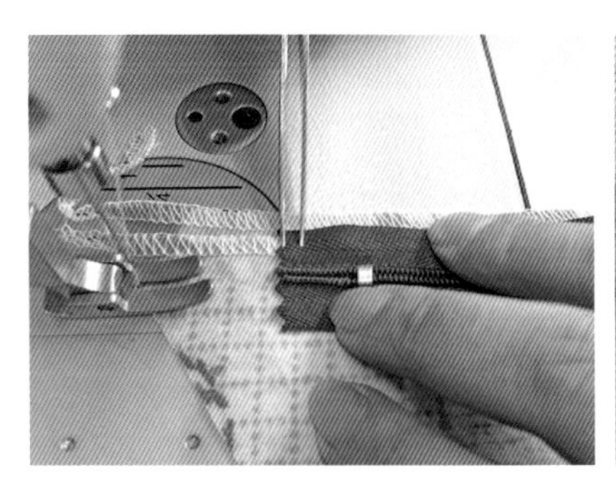
图3-3-12

图3-3-13

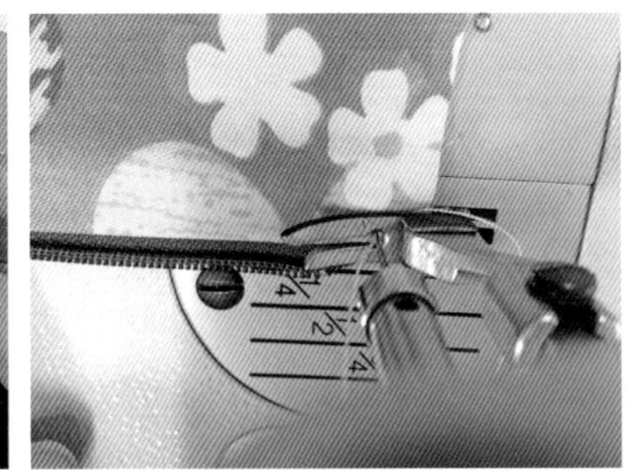
图3-3-14

图3-3-15

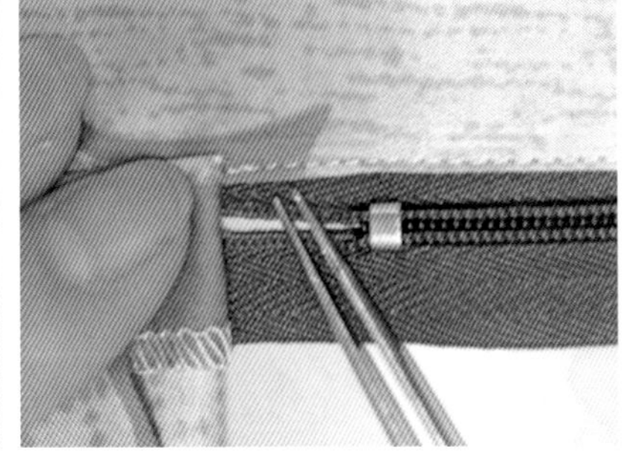
图3-3-16

图3-3-17

二、盖齿拉链的制作工艺与技术

1.单边盖齿拉链

步骤一：定位拉链止口。先根据拉链的长度确定拉链的止口位置，面料拼合的长度距离拉链金属止口0.8~1.0cm之间，见图3-3-12所示复合拉链止口位置。接着压烫装拉链的不对称面料缝份，其缝份一边为1.0cm，另一边在1.5~2.0cm，见图3-3-13所示压烫不对称缝份。

步骤二：压缉拉链单边止口线。先将0.5cm的缝纫机压脚换成0.3cm的专用拉链压脚，然后贴着拉链齿边缘压缉0.1cm单止口，见图3-3-14所示压缉拉链左侧单止口（面对拉链正面而言）。

步骤三：拉链底部止口细节技巧处理。这个细节的处理对保证整个拉链外观质量非常重要，具体实施方法是：在压缉单边止口一超过拉链金属闭口，抬起压脚，将原有正常的缝份突出0.1~0.2cm，见图3-3-15拉链底部细节处理。因此，拉链单边止口线不是一条水平垂直线，而是不规则的斜线，见图3-3-16所示完成的单边止口效果。

步骤四：复合单边盖齿拉链。从面料正面拉链底部止口开始压缉单边止口的垂线，见图3-3-17和图3-3-18所示封拉链止口，接着压缉另一条拉链止口线，压缉宽度为0.8cm或1.0cm，见图3-3-19所示复合不对称盖齿拉链的缝制。

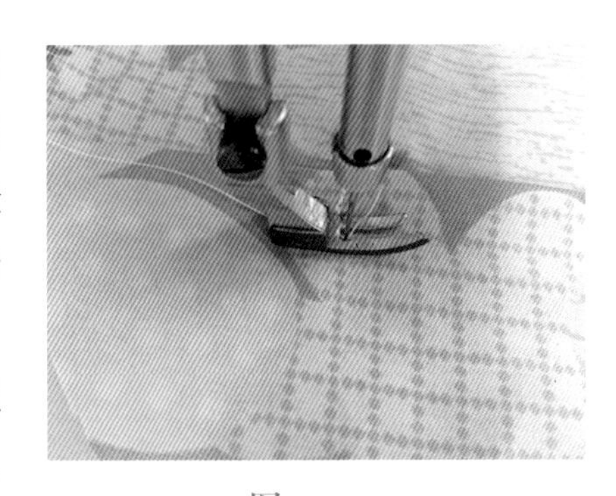
图3-3-18

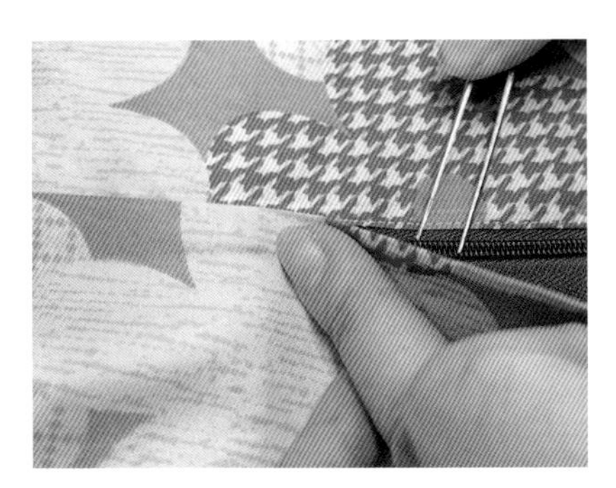
图3-3-19

步骤五：检查复合拉链的质量。先闭合拉链，观察面料能否完全遮掩拉链底布，见图3-3-20所示闭合拉链；其次观察左右压缉线是否将拉链底布固定，不能出现脱线、滑针、跳针等质量问题，拉链头的翻折左右对称，见图3-3-21和图3-3-22所示复合拉链的正反面效果。

2.左右盖齿拉链

步骤一：同单边盖齿拉链，根据拉链的长度用划粉标出复合拉链的位置，见图3-3-23所示盖齿拉链的定位，接着将左右两侧缝份分别压烫平整，左右缝份相等为1.2cm或者1.5cm均可，见图3-3-24所示压烫左右缝份。

步骤二：检查安装拉链的位置、宽窄。将拉链复在面料反面，仔细检查拉链上下端口与面料止口之间的距离。通常拉链的金属起始位置距离面料毛缝1.0cm，拉链的金属底部止口位置距离面料止口1.0cm，见图3-3-25和图3-3-26所示拉链上下止口距离。

步骤三：先拉开拉链止口，沿面料止口边缘从拉链顶端开始压缉0.6cm的单止口，见图3-3-27所示拉链顶端止口位置，接着压缉3.0cm，然后闭合拉链后再完成左侧拉链的缉线，见图3-3-28所示完成左侧拉链缉线。

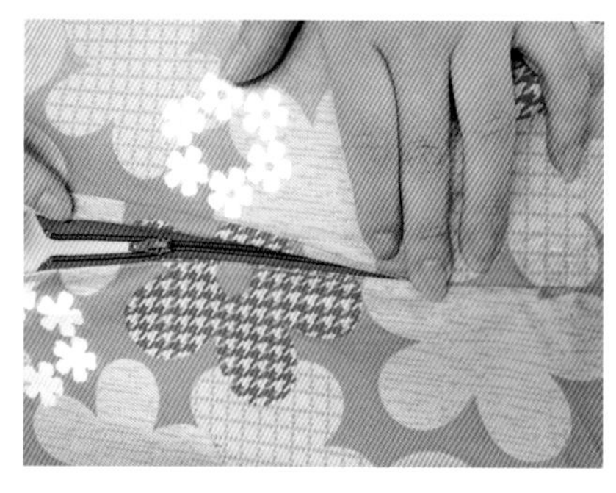

图3-3-20

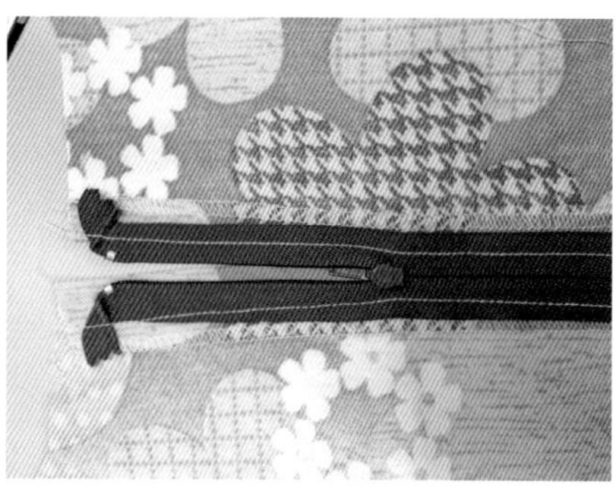

图3-3-21

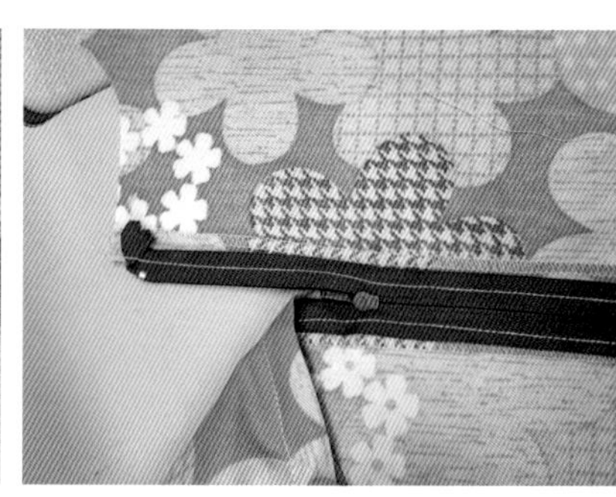

图3-3-22

图3-3-23

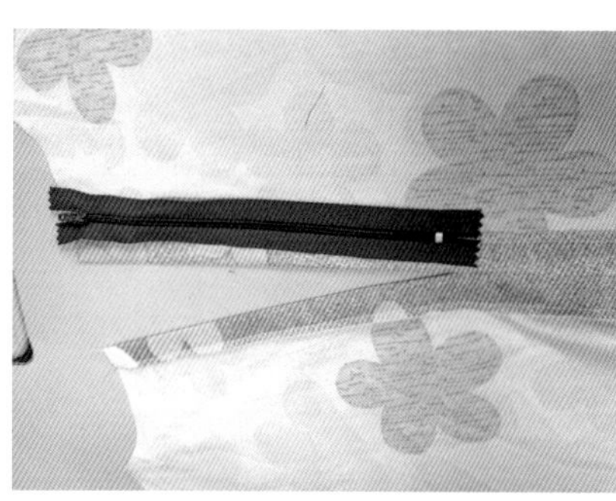

图3-3-25

图3-3-24

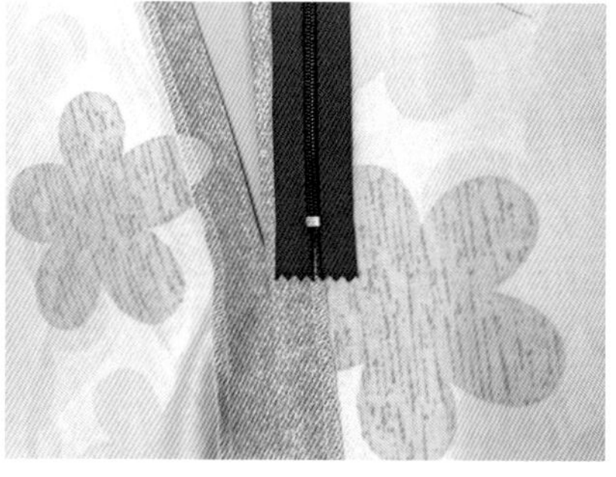

图3-3-26

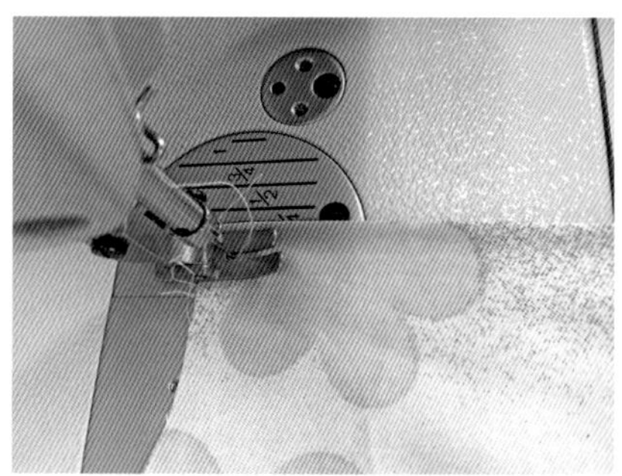

图3-3-27

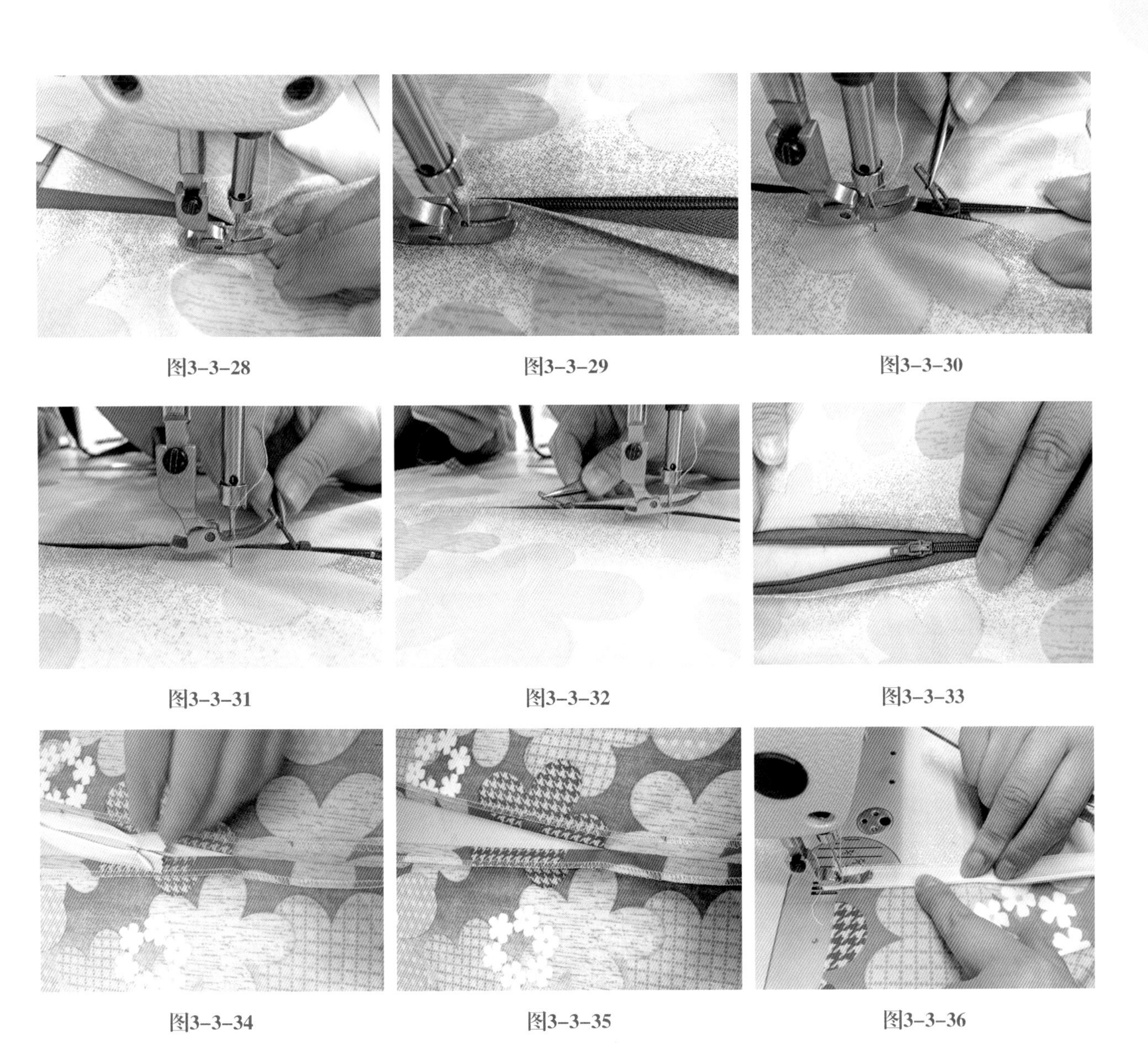

图3-3-28　图3-3-29　图3-3-30

图3-3-31　图3-3-32　图3-3-33

图3-3-34　图3-3-35　图3-3-36

步骤四： 接着直角转弯开始右侧拉链缉线的缝制，见图3-3-29所示平行压缉拉链止口线。方法同上，在压缉0.6cm单止口至拉链开始顶端5.0cm处，缝纫机针处于穿透面料的状态下缝制，见图3-3-30所示。然后，尽可能抬高压脚，用镊子夹住拉链的拉头滑行拉链通过缝纫机压脚，见图3-3-31和图3-3-32所示滑行拉链闭合拉链齿。

步骤五： 检查复合拉链的品质。检查拉链左右0.6cm压缉线是否均匀、对称；面料是否完全闭合盖住拉链齿；面料正面缉线一气呵成，不能出现缝迹线接头；拉链闭合后，面料正面外观平服，没有起伏波浪等问题，见图3-3-33所示拉链成品外观效果。

三、隐形拉链的制作工艺与技术

步骤一： 根据服装款式设计、结构设计的需要选择隐形拉链的长度，再依隐形拉链的长度标出拉链复合的位置，见图3-3-34所示隐形拉链的定位。接着将面料左右压烫1.0cm缝份，见图3-3-35所示。

步骤二： 首先更换单边压脚或隐形拉链压脚，将拉链正面与面料正面两两相对，单边压脚尽可能贴近隐形拉链齿口边缘，见图3-3-36

所示单边压脚的止口位置。接着用手指和镊子将齿口扳开，沿着齿口边缘从端口向下压缉一侧的隐形拉链，见图3-3-37所示扳压隐形拉链齿口。

步骤三：完成一侧隐形拉链的安装后，闭合拉链检查面料与拉链之间的空隙，见图3-3-38所示压缉一侧拉链后的闭合效果。然后，标出另一侧隐形拉链的安装位置，由拉链底部开始向拉链顶端压缉，压缉的要求和制作方式同步骤二相似，见图3-3-39所示复合压缉隐形拉链。

步骤四：检查隐形拉链的外观质量。先用镊子拉住拉链头，拖动拉链头滑动拉链，在正面闭合隐形拉链齿，见图3-3-40所示闭合隐形拉链。观察拉链的反面缉线，检查拉链滑动是否顺畅，见图3-3-41所示隐形拉链反面示意图。最后，检查隐形拉链的正面封闭效果，不能露出拉链的底布颜色，拉链止口平服、顺畅，见图3-3-42所示隐形拉链完成效果。

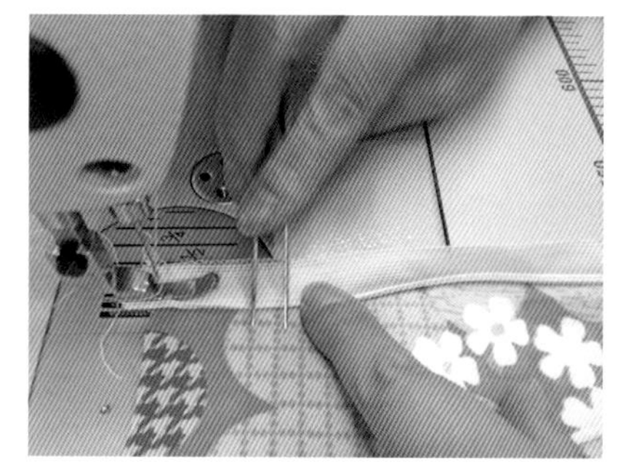

图3-3-37

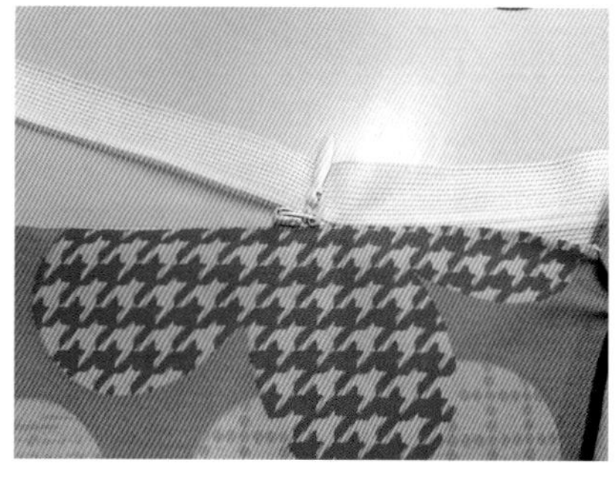

图3-3-38

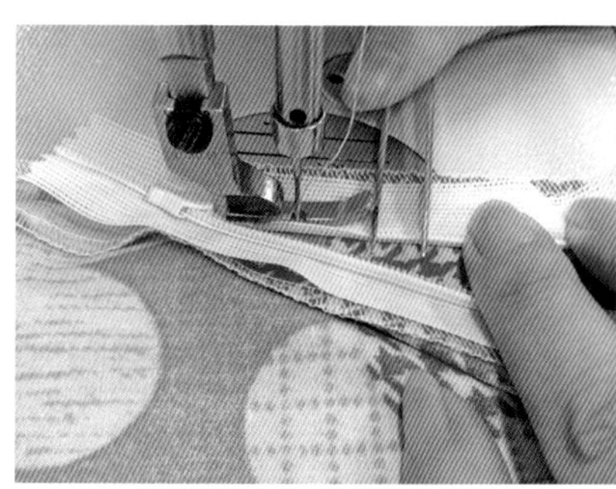

图3-3-39

图3-3-40

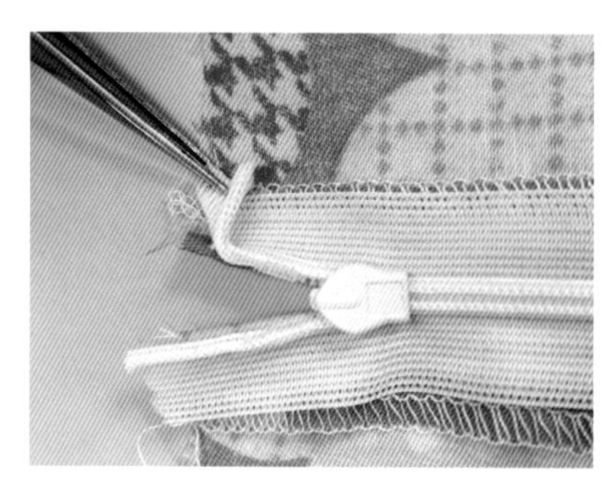

图3-3-41

图3-3-42

4 第四章 女装的创意设计与制作技术

第一节　女装的创意设计

一、女装造型的创意设计

造型的创意设计包括对创作素材的适当的、巧妙的处理，是设计学的美学原理和形式美法则在服饰中的反映。当一系列元素按一定序列，用顺次排列方式构成的时候，它们先后有序地被我们感知，就产生连贯的、历时性的运动。其次，造型创意设计在服饰中的再现不是生活原型的简单重复，来自生活的现象不具备设计创意。生活现象的表面纪录，既不能提高消费者对服饰的认识，又不能满足消费者的审美需要，不能称做创意设计。素材未经过选择和提炼，没有概括和集中，不能突出表现客观事物的内在意义，不能适当表现设计师的思想和情感，因而也就不能造成生动真实的服饰形象。所以，设计师对生活素材的选择、提炼、集中和概括，是创意设计的重要内容。

时尚的造型创意设计一类是以功能性为目的的创意设计，它必须服从实用功能的需要而形成一种结构，然后再作形式上的修饰。另一类是以形式性为目的的创意设计，相对比较自由，着重于外部形式的变化，也就是强调视觉效果的多样性，可以在形式上作多样的变化。当然，为了达到相同的实用目的，时尚创意设计的方式是可变的，它的外部形式也会有所不同。

主题为《暗香・梦萦》系列获奖设计作品（作者：单文霞）是以“梦”为总设计主题，以衣寄情、因情而痴、由痴成梦的设计灵感，透过特殊的盘花面料、鱼鳞般的光泽及精致的滚边，以独特别致的造型演绎出高贵的气质。通过用紫色的基调和精致的结构分割将服装直接带入梦幻、优雅的境界，见图4-1-1和图4-1-2所示造型与结构设计。

坠入梦幻的精灵，以无尽的奇妙和愉悦，将优雅华丽、娇矜性感的复古浪漫主义与现代完美融合一身，带来神秘古典的贵族风华气质。作品中偶尔的玫红，微亮的银光，堆砌的玫瑰以及随着光线变动色彩的双色梭织面料，让贵族式的优雅露出骨髓中的美，见图4-1-3和图4-1-4所示综合造型设计。

主题为《墨兰》系列获奖设计作品（作者：张义芳），灵感来之于世界著名设计师迪奥、纪梵希、瓦伦蒂诺等高级女装的时装发布会，外部廓型别致，分割线条流畅。采用转印技术将手绘玉兰花卉纹样与丝质缎纹面料相结合，同时运用透明与锦缎、褶裥与平滑、密集与空旷等对比手法，展示女装的唯美和创意，见图4-1-5和图4-1-6所示花卉纹饰与女装的造型设计，图4-1-7所示造型设计与成衣的效果。

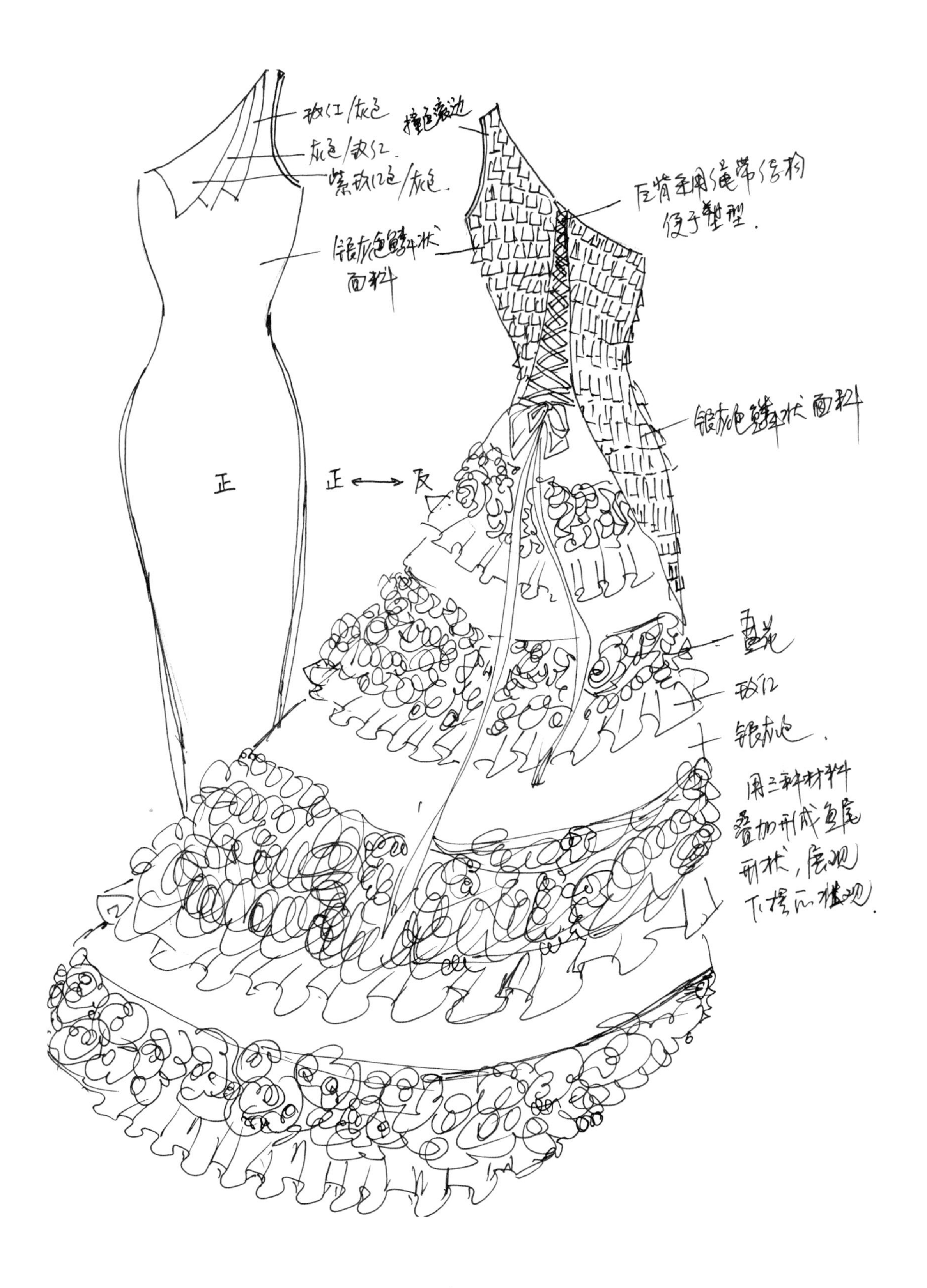

图4-1-1

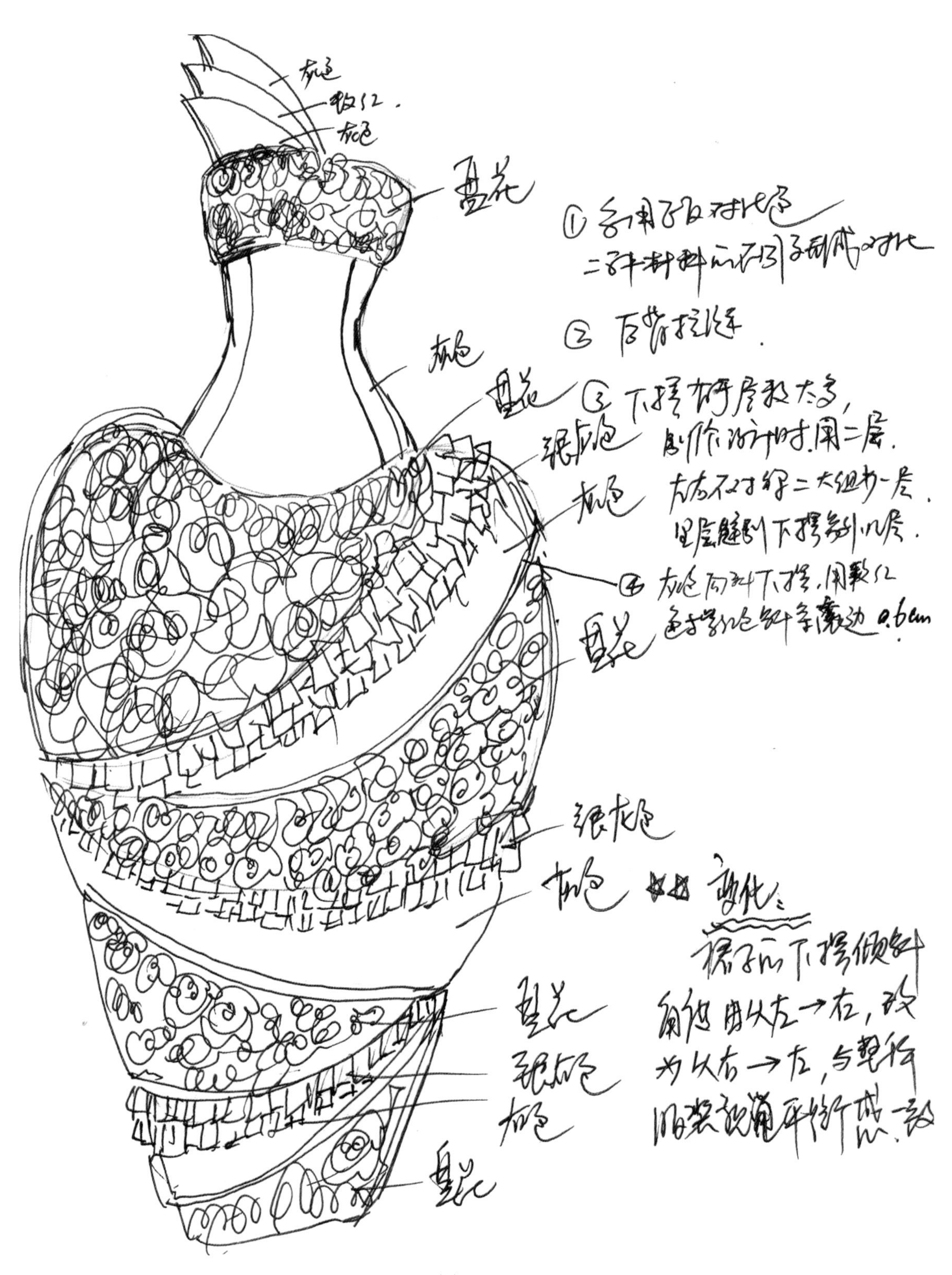

图4-1-2

暗香海棠
梦
总弥漫着神奇的香
袅袅绕饶
看不清
青烟的那头是舞动的花儿
还是你
只隐隐记得
悠悠的
淡淡的
分不清是香
还是颜色

图4-1-3

图4-1-4

图4–1–5

图4–1–6

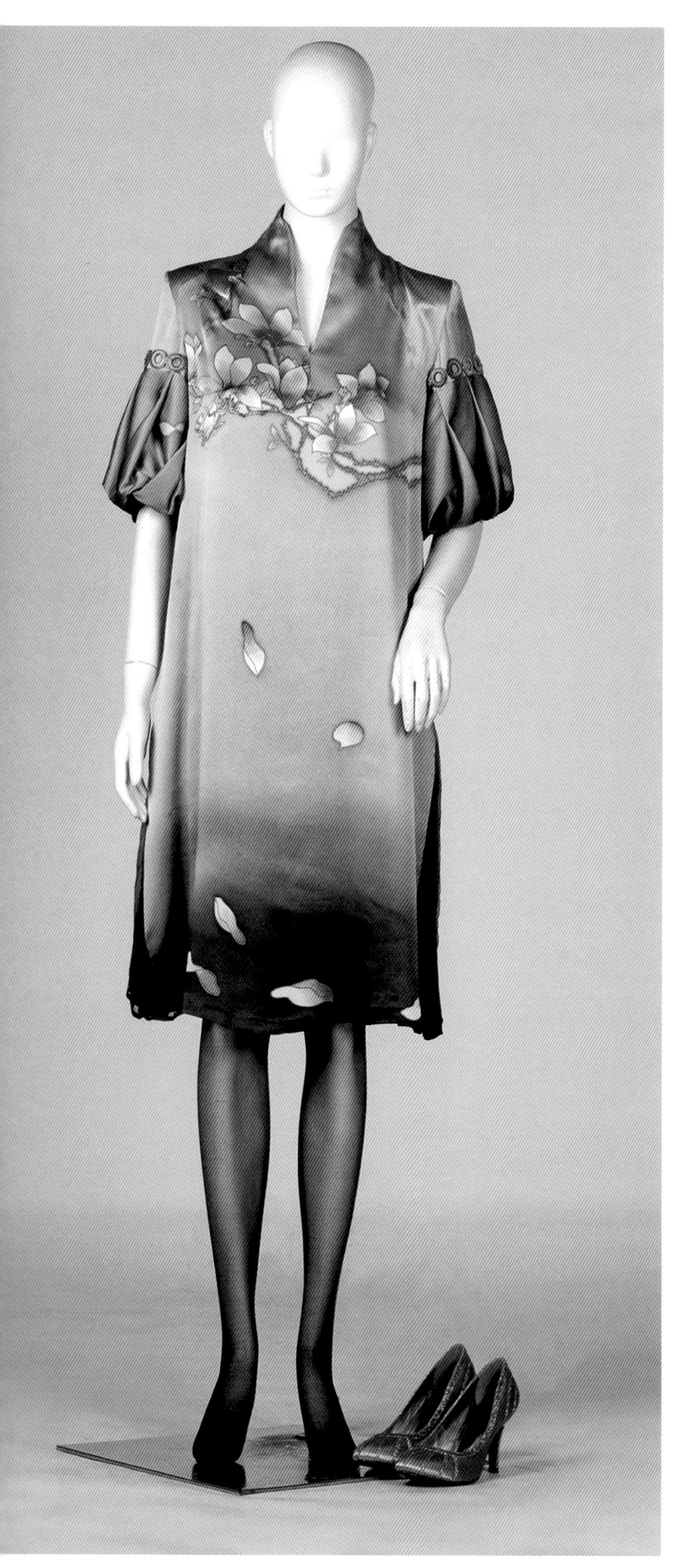

图4-1-7

主题为《神曲·Rabbit》系列获奖设计作品（作者：张敏），款式造型方面受欧洲建筑设计风格的影响，以肥大的廓型、夸张的结构分割为服装系列设计的外观造型，采用趣味曲线来表现服装的内微造型线，配以适当的具象配饰，着重展示系列服装的创意设计和趣味特色，见图4-1-8和图4-1-9所示系列服装的款式设计。该设计以多变的服装造型迎接多彩的时尚生活，在卡通图案的可爱俏皮中注入不羁的自由态度，率真的亮彩自在游走，尽显时尚趣味率真的新季风范，见图4-1-10和图4-1-11所示图案造型与配色设计。

图4-1-8

图4-1-9

图4-1-10

图4-1-11

二、女装色彩的创意设计

钱钟书先生曾说："譬如画的介体是颜色和线条，可以表现具体的迹象，诗的介体是文字，可以传达思想感情，可是大画家偏偏不刻画迹象而用画来'写意'；大诗人偏偏不甘于'写意'，而要使诗有具体的感觉，兼图画的作用。"他形象地概括了绘画与诗歌的特性。

"云想衣裳花想容，春风拂槛露华浓""绣罗衣裳照暮春，蹙金孔雀银麒麟"，这些脍炙人口的诗句，给服饰色彩带来丰富的想象和创作空间。自古以来，服装就是人类诸多生活状态中的一种状态，而色彩是这种状态的一个必不可少的要素。从服装起源来看，色彩一开始就被用来装扮人类，原始人的色彩画身，刺痕纹身等这些服装的最初形态，都离不开色彩。随着衣料文化的发展，色彩同各种不同质料、不同织纹组织的纤维织物或非纤维制品相结合，形成了千姿百态的色彩表情，极大地丰富了人们的衣生活文化。通常，我们日常穿的衣物，在形态的选择上，有一定的局限性，但在色彩的选择上就有很大的自由度。正因为如此，使得着装的效果在很大程度上取决于色彩处理的优劣。由于文化、政治体制、传统文化背景等诸多不同因素的影响，从而导致了人们对服饰色彩的认识和感知也产生了较大的差异。

1. 女装设计中色彩的变化

当我们在观察色彩时，随之会引起人的心理感受（感情反应）和生理感受（功能反应）。人的生理感受是对色彩产生的冷暖、轻重、软硬等感觉，它是人们从日常的生活经验中慢慢形成并带有传统和社会共性的感觉。就色彩而言是没有温度的，人们通常所说的冷色、暖色，是人的视觉器官通过对色彩的感知而产生的感觉变化。红黄

图4-1-12

调属暖色系，能使人产生兴奋、积极的心理暗示作用；蓝紫调属冷色系，具有使人冷静、消极的感觉；绿与紫附近的色系，具有恬淡、安闲之感，见图4-1-12所示丙烯材质具有暖色感觉的时装画。人们认识色彩，还有个"先原后间"的过程，即先认识"红、黄、蓝"三原色，再熟悉渐变色、间色、对比色等，通常明度高而纯度低的色彩感觉柔软，深暗的色彩感觉坚硬、沉重。

人的心理感受仅与联想有关，在人们的意识深层，大脑里储存着许多从前对事物的印象，在我们看到色彩时，大脑会自动联想到与该色有关联系的印象事物。人的生活经验愈丰富，思想感情愈成熟，对色彩的感觉就愈会受联想因素与理解因素的影响。这些色彩联想有的是属于具体联想，有的属于抽象联想，人对于色彩的联想会因生活经历不同而有差异，见图4-1-13和图4-1-14所示服饰设计中同色系的运用。

本系列设计作品以“梦”为总主题，以衣寄情、因情而痴、由痴成梦的设计灵感，透过特殊的盘花面料、鱼鳞般的光泽及精致的滚边，以独特别致的造型演绎出高贵的气质。通过用紫色的基调和精致的结构分割将服装直接带入梦幻、优雅的境界。
坠入梦幻的精灵，以无尽的奇妙和愉悦，将优雅华丽、矫矜性感的复古浪漫主义与现代设计理念完美融合一身，带来神秘古典的贵族风华气质。作品中偶尔的玫红、微亮的银光、堆砌的玫瑰以及随着光线变动色彩的双色梭织面料，让贵族式的优雅露出贵族中的美。

图4-1-13

图4-1-14

2. 女装设计中色彩的嗜好性

色彩会给予我们各种感情，当人们看到色彩时，会联想到许多事物和现象，这就是说，色彩和人有着复杂的关系。尽管人对于色彩的嗜好性，因年龄、性别、民族、生活水平、个性、职业及社会环境等的不同而异。

由于社会分工不同，男女的社会角色也不同，人们对男性和女性服装与色彩的期待就不同。现代社会女性的服饰行为表现的性别特征，一是身体线条的显露，如紧身衣、露背装等。二是色彩上表现了女性特有的性别特点，或艳丽或清秀，体现了女性轻盈、柔美的风格，散发着浪漫气息。三是结构或造型表现上不同与男性，一般装饰比较多。女性服饰分割线多而且曲度大，造型的外轮廓线也为曲线，总体上看服装色彩的风格是多样化且五彩缤纷的，见图4-1-15和图4-1-16所示系列服饰色彩表现。

灰色是一种成熟的中性色，也是一种没有成见的颜色，在颜色中它是最永恒的颜色，它和平、安静、恬淡、稳重。带有一点侵犯别人的沉郁去包容别人。灰色系是表现古典、华美、高贵的不可缺

图4-1-15

图4-1-16

少的色彩之一，利用灰色的色调与明度差来配色，可穿出独待风格，质料良好的灰色面料做出的服装可隐约透出一种华丽感，是非常时髦的穿着，以内敛的暗灰色系搭配深色最显眼。烟灰法兰绒西装可以说是成功企业家的象征。灰色与茶灰色相配，其格调非常优雅协调。在西方以灰色为基调的服饰多用于职业妇女的穿用，它既肃穆又不死板，使女性显得庄重大方。但在我国古代，灰色系列的服装是平民百姓服饰的基本色调，显示了平民阶级所特有的色彩，见图4-1-17所示高级灰成衣效果。

3. 女装设计中色彩的民俗习惯

色彩以它的五颜六色美化了生活，在人们审美过程中，色彩的感觉也是最大众化的审美形式，人们借助色彩之间的亲和与对比，创造出充满诱惑力的艺术效果，而它们自身由于传统习惯上的不同，相互之间又各有特性，见图4-1-18所示民族风味浓郁的服饰设计效果图。

自然界中的色彩五颜六色，万紫千红，但黄色是明度最高、最醒目的一种色，如春天的油菜花、金盏花与绿色的原野形成鲜明的对比。黄色也是秋天成熟的标志，黄色的翻滚麦浪、金黄的粒粒玉米带给人们丰收的喜悦。黄色也曾是我国封建社会帝王的专用色彩，明清时期黄宫黄琉璃瓦的屋顶，黄色诏书、黄色服饰等都象征着帝王的神圣和权威。我国的民俗民风对黄色也情有独钟，如带有浓重的宗教气息的黄色道袍、朝山进香用的黄色香袋等。但是西方视黄色为不吉祥的死亡色，阿拉伯叙利亚人、犹太人都不喜欢黄色。

再例如无色系中的白色，在西方人眼里是纯

图4-1-17

图4-1-18

洁、明亮、专一的代表，结婚穿着白色婚纱服，暗示新娘子冰清玉洁，爱情的纯洁与坚贞。但在我国则在丧事时服用白色，佩戴白花表示悼念、尊重、哀悼和缅怀，古代人也常以素衣寄寓其清尚。所以不同的民族、地域、场合对色彩的定义是不同的，都有自己的嗜好，不能一概而论。

三、女装材料的创意设计

随着科学技术的迅猛发展，尤其是纺织服装业的发展，人们对服装材料的要求越来越高，为了最大限度地提高服装材料的服用性能，满足人们对服装的各种需求，服装材料已不断地由低级、单一型走向高级、多样化发展。

1. 材料的重组再造设计

以设计师的眼光来看，世间一切自然形态都是可以进行分解的，也可以进行重新组合，它好比化学元素的不同组合，而导致分子结构的变化，形成新的物质，也如同儿童的积木一样，每块积木都是一个基本图形构成元素，用这些基本元素可以创造出无数不同的图形来。服装材料的再创造在可穿性普通面料上通过对面料的平面或立体处理、多种不同质地的面料重组等方法改变面料的性能和外观，对面料进行二次再设计，使服装成品达到惊人的视觉效果和超值的经济价值。见图4-1-19所示抽丝、镂空与叠加的面料再造，图4-1-20所示缎带珠片绣的面料再造，图

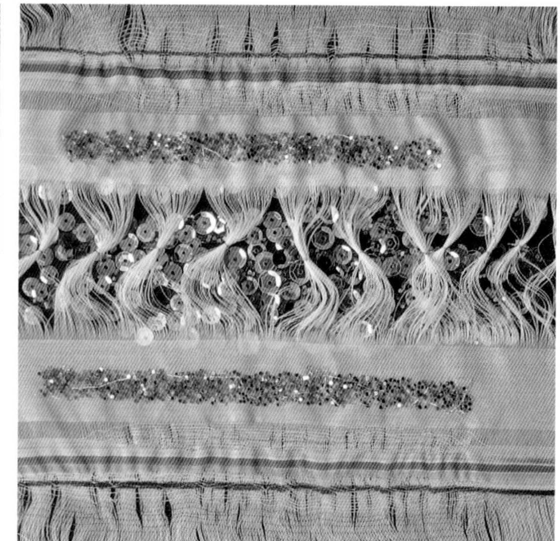

图4-1-19

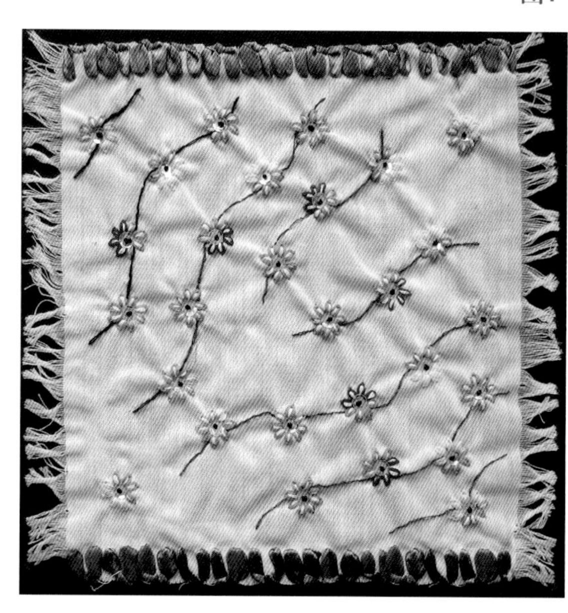

图4-1-20

4-1-21所示材料再造的成衣效果展示。

2. 科技新材料的创意设计

一方面，服装设计界纷纷利用高科技手段改造面料表面艺术效果和性能。例如运用机器高温压褶的手段直接依人体曲线或造型需要调整裁片和褶痕，使衣服的外观会随人体压缩、弯曲、延伸等动作展现出千姿百态的形态，也有通过服装材料的再创造，使服饰产生更丰富的平面和立体艺术效果，它是服装面料设计的深层延续。另一方面，以高科技为依托的"纳米"等新技术，使织物组织的内部结构发生本质的变化。运用"纳米"技术使原本很普通的全棉面料，在保持原有面料的舒适性、吸湿性等良好的功能之外，还剔除了棉材料起皱、易污等不利因素；此外，通过高科技涌现出大批新型材料，人们将抗污、防静电、保暖等特殊的功能加入现代服饰材料中，增加了服饰材料的功能和附加值。

近年来，印花元素备受时尚圈的青睐，各种各样的花卉印花、兽纹印花、植物印花、数码印花、几何图案印花、涂鸦印花等成为设计师的宠儿。许多设计师和时尚品牌更将其独特的印花图案和印花技术作为该品牌的特色和经典。

《神曲·Rabbit》系列服装以复合面料夹太空棉为主，针织面料为辅，其中太空棉塑形能力强，可根据不同设计实现服装轮廓的塑型。纹样设计从西班牙超现实主义画家杰昂·米罗（JoanMiró）的绘画作品中获得启发，其奔放的色彩给人无尽的想象，设计者试图将米罗作品中标志性的色彩组合带入服饰中，突破沉闷的日常休闲服饰形象，跃入艺术与想象的自由空间。纹样设计时，将卡通与自然花卉图案相碰撞，将手绘与数码印花相交融，颜色艳丽明快，故事性强烈，将回忆印象转换为设计语言，使人产生无限的空间遐想，并启发了强烈的创作欲望，展现天真童趣的别样风味。

同时采用数码印花，第一次印花排版采用的是无规律定位印花：长5.5m，宽1.45m，由于印花厂家印刷尺寸有误，并且色差大，又因太空棉的空气层经过印花机碾压后，薄如一层面料，无法用于廓型夸张的服装。于是进行第二次印花，采用单层面料拓印，同时对印花颜色尺寸调整为：长6m、宽1.45m，最终图案和色彩的效果较理想，见图4-1-22和图4-1-23所示二次转印成品效果。

图4-1-21

图4-1-22

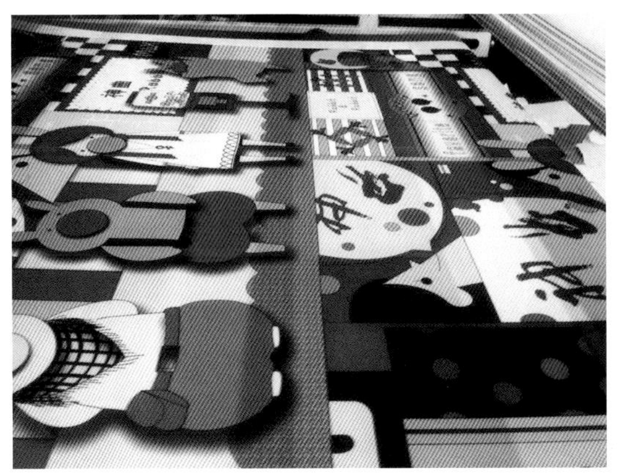

图4-1-23

图4-1-24

图4-1-25

《暗香·梦萦》系列时尚女装设计主要采用两种不同材质的面料，利用材料的对比色、中间灰色以及立体装饰花卉，使得材料在表面的视觉感官和肌理触觉上形成强有力的对比冲击。或是在灰色半透明网状面料上，根据结构设计的造型，截取适合裁片的纹饰图案与立体花卉面料进行分割、组合设计，创造出别具一格的新材料，见图4-1-24和图4-1-25所示新型材料与不同材质的组合，图4-1-26所示综合材料的设计效果图。

3. 多质感、多元素的材料创意设计

材料不仅是服饰设计最基本的物质条件，同时也是色彩展现的场所、造型表现的物质基础。设计师对材料特征有更好的理解，才能更好地把握服装造型、风格以及卫生学等多方面与设计具有至关重要的因素。俗话曰“巧妇难为无米之炊”，是对服饰设计中材料重要性的真实写照。图4-1-27所示为雪纺、棉麻、珠绣等多种材料的组合创新设计（作品《花影》：作者李艳秋）。

图4-1-26

总而言之，随着全球经济一体化进程的加快，人类从现实社会的非持续的、不可再生经济过渡到可持续的、再生性经济。高科技材料多元化、材料间互补多元化，已形成现代服饰材料综合利用发展的趋势，新型服饰材料在形式上和感觉上更为适合现代服装设计和消费群体的需要。然个性化、时尚化、风格化的服饰设计离不开对材料的选择和重组再造设计，不论服饰材料如何改变或设计中各种材料因素间的相互关系如何调整，都应服从于人机功效的需要和新的富有生命力的视觉效果。

图4-1-27

第二节　创意女装的结构分析与制作技术

一、休闲女装的结构解析

1. 休闲女装的款式分解

图4-2-1所示款式设计运用拼贴的设计手法，将图案色块拼贴于橙红色空气层上，使图案部分像是一件合身的连衣裙，并采用斜门襟的设计，同时搭配裤装，彰显青春活力，见图4-2-1所示正反结构款式图。

图4-2-2款式设计主要运用曲线分割，不同颜色的拼接、不对称下摆、以及肩部变形耳朵的设计及裤子侧缝处白色条纹像谱写的条条律动的音符，见图4-2-2所示正反结构款式图。

图4-2-3款设计简洁大方，展现硬朗的帅气与阳光。大衣采用不对称图案设计，搭配两层领设计的白橙无袖衬衫，下身搭配空气层与针织面料组合的运动休闲裤，个性气息十足，见图4-2-3所示正反结构款式图。

图4-2-4款或重点在趣味分割及袖子的设计上，夸张喇叭袖有一丝女人味，但在曲线的分割配色上，又展现出一种美丽的可爱风，倾斜式下摆，搭配印花半身裙，尽显洒脱与活力，见图4-2-4所示正反结构款式图。

图4-2-5款连身裙有着宽松浑圆的廓型，宽大的袖型设计也给予更大的活动空间。下身搭配

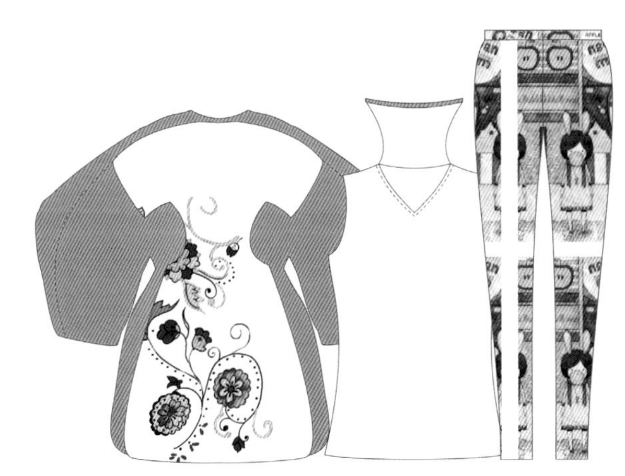

图4-2-1

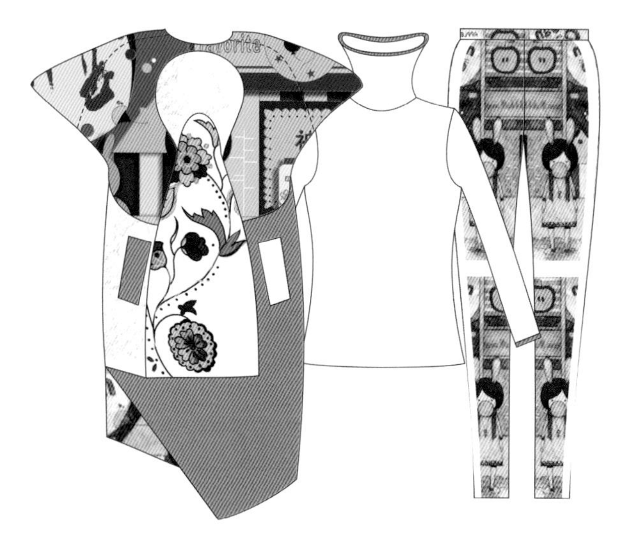
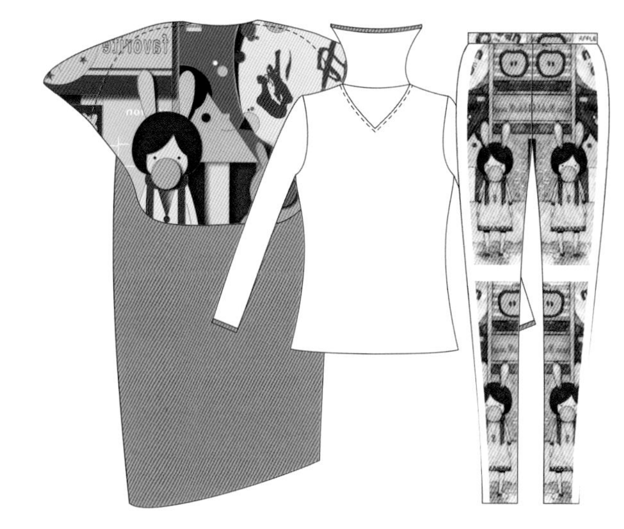

图4-2-2

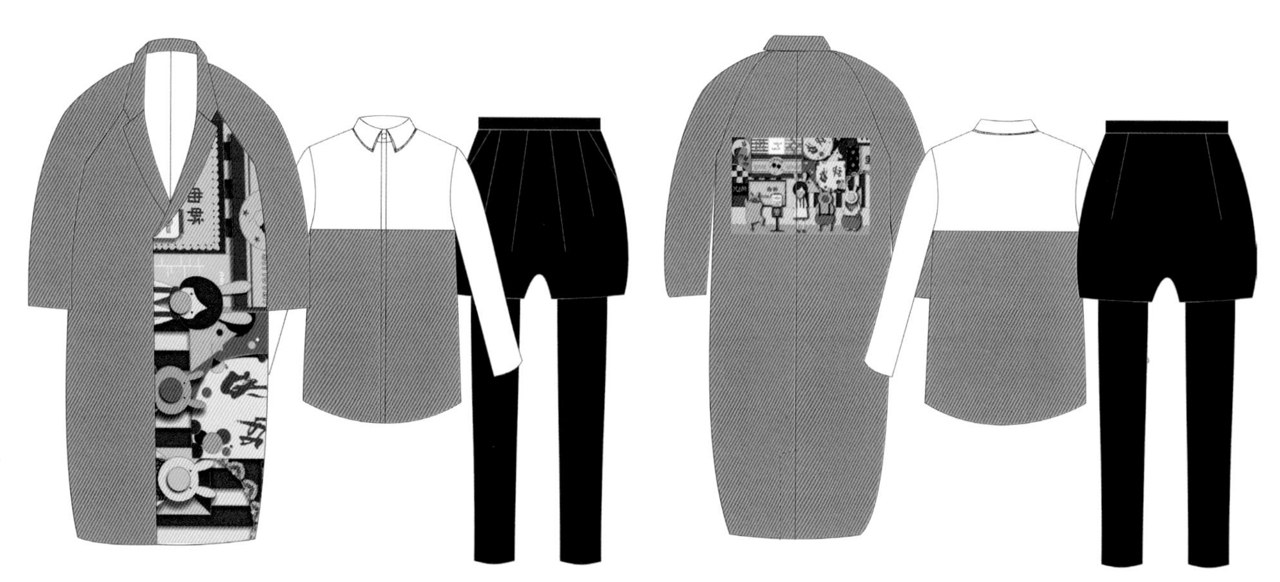

图4-2-3

图4-2-4

白色针织打底裤，在裤中的位置贴上小兔子的装饰品，既可爱又能保护孩童的膝盖，见图4-2-5所示正反结构款式图。

图4-2-6款上装的A字型与下装的H型强调舒适运动之感，上装下摆的兔子耳朵型设计活泼可爱，下装的印花阔腿裤舒适有型，见图4-2-6所示正反结构款式图。

2. 制作细节设计与工艺解析

《神曲·Rabbit》系列设计强调廓型感，将立体造型与平面裁剪结合。该系列服装在制作过程中最重要的是把握廓型效果，其次是在手绘工艺上需一次成型，最后是数码印花图案的尺寸控制。

制作过程中，根据款式选择适合的图案，集中花型色彩与款式搭配和谐，灵活把控印花尺寸，确保印花尺寸覆盖整个系列；在制作上需要注意把握外部轮廓曲线的对称与圆顺，保证图案不歪斜；在保证廓型的同时考虑人体舒适度，尤其贴衬的衣片应采用全贴避免尖角；系列手绘图案部分保证颜色一致，亮片串珠的缝制塑造立体感时应注意其灵活性。具体操作步骤以图4-2-1款式为例。

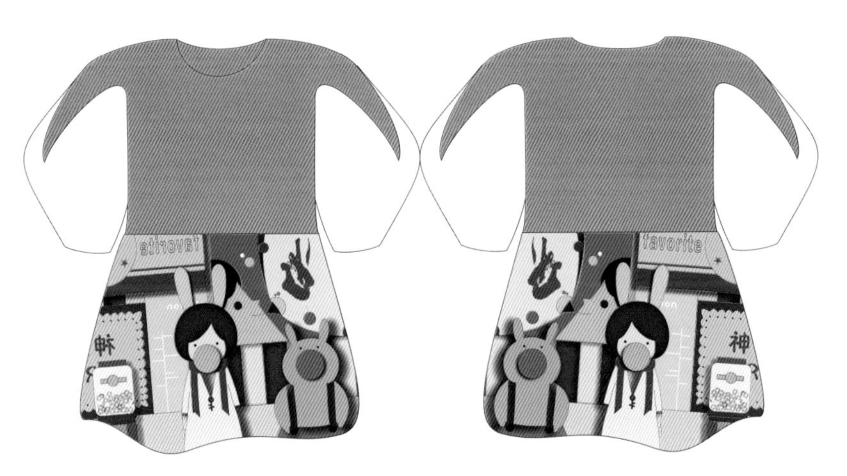

图4-2-5

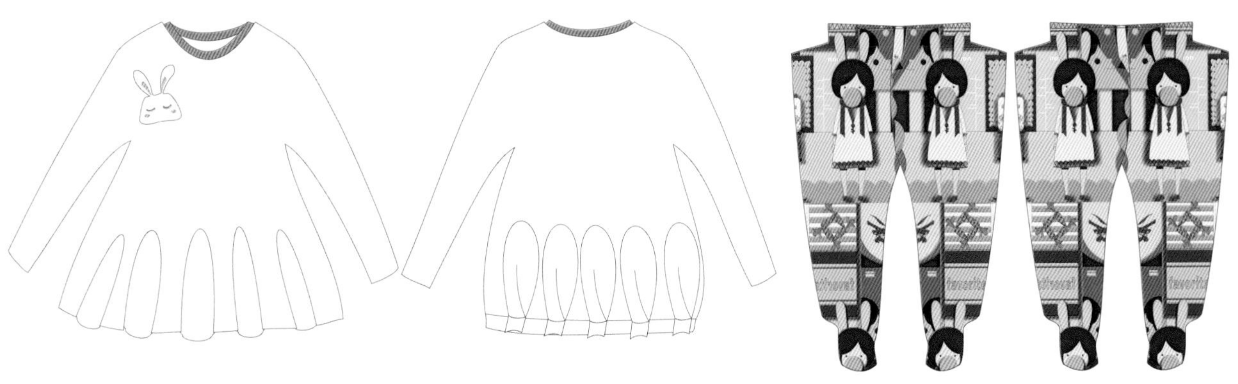

图4-2-6

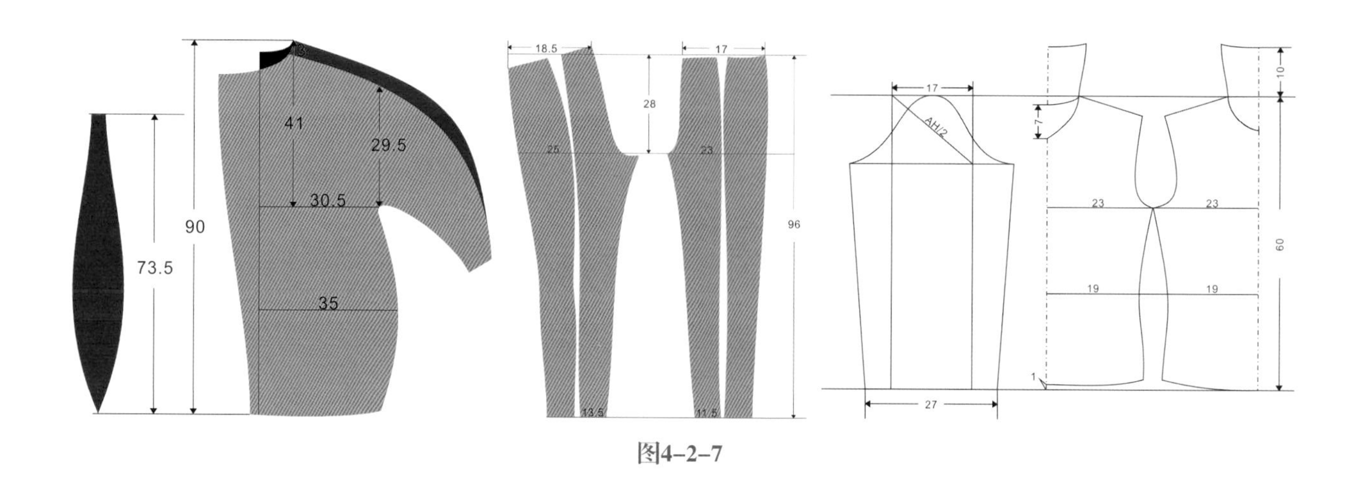

图4–2–7

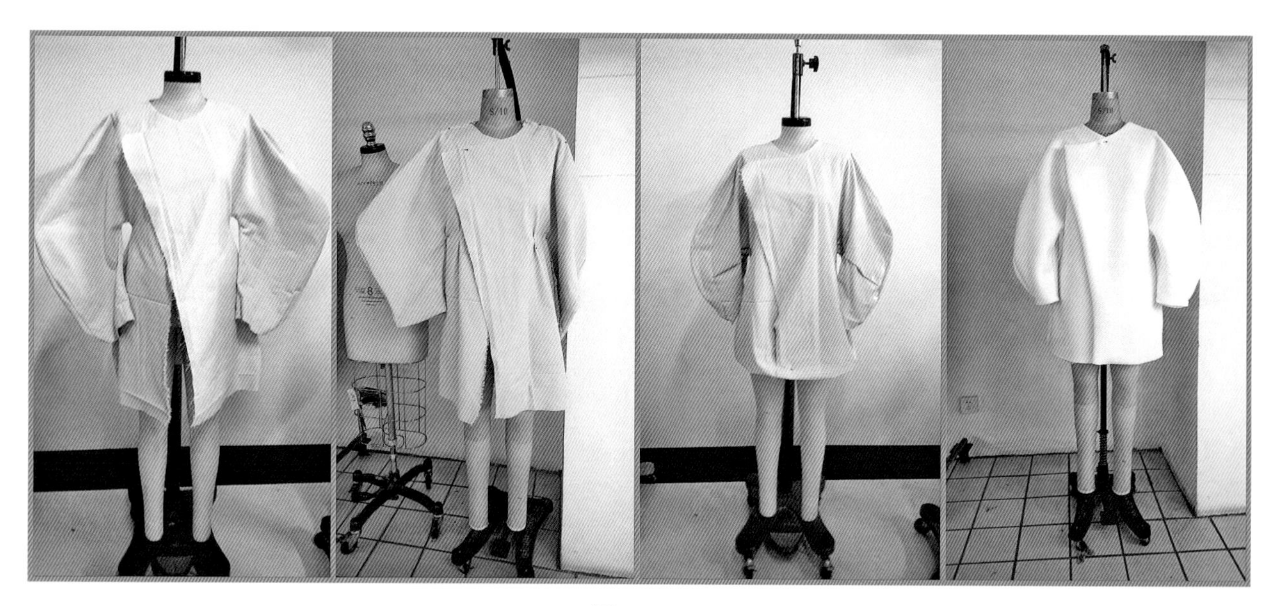

图4–2–8

2.1 前期实验操作：制板打样→平面裁剪→假缝工艺→调整结构→坯样造型。

制板打样：服装的板型是服装造型的关键，制作此款首先在人台上给出一定的放松量，运用平面定寸或原形裁剪方式进行初板的制作，见图4–2–7所示结构平面分析示意图。平面裁剪：按照制作的纸样在坯布上裁剪，坯布丝缕与纸样丝缕保持一致，用坯样在人台上偿试服装各种不同的造型，调整袖型轮廓造型与实际使用之间的余量问题。假缝工艺：假缝时注意衣领、衣身、袖片等余留的缝份，采用缝纫机或手工完成各部位的缝合，同时留出塑型用的穿鱼骨缝份。调整结构：这款服装的造型特色集中体现在袖型上，通过多次在人台上进行纸样实验、小布样实验、样衣实验等不断的偿试，完成了连体“O型”袖的廓型设计，见图4–2–8所示坯样袖型和外部廓型的效果。

坯样造型：在完成无数块坯布样的实验操作基础上，选择设计最终使用的空气层面料，利用它挺括、塑性感强的特性，固定或半固定形式制成单件半成品样衣，见图4–2–9所示。

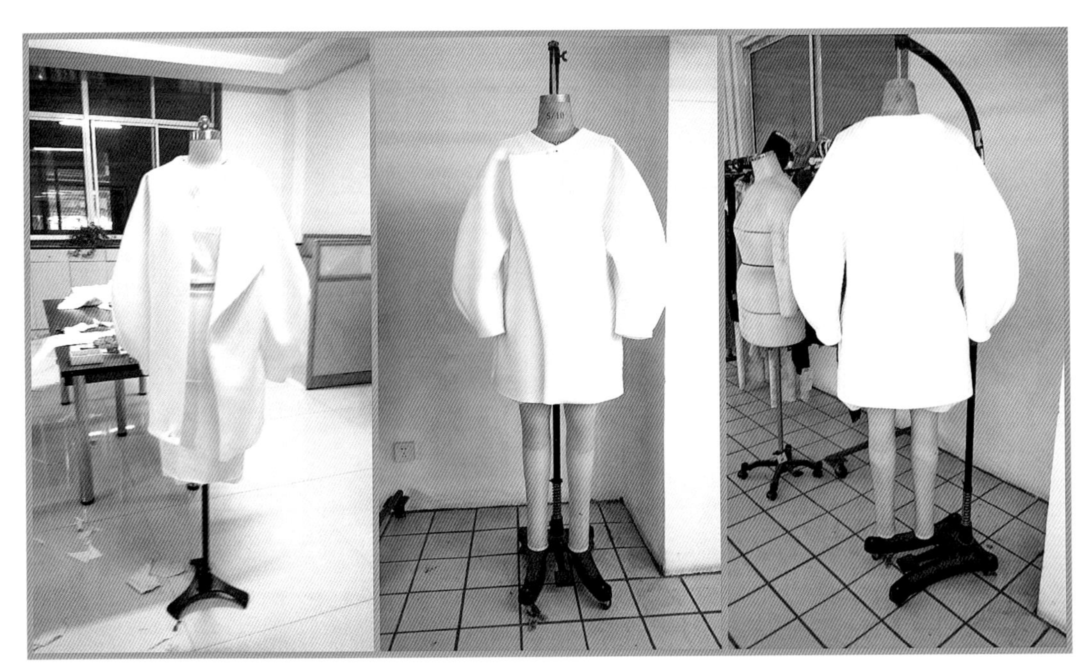

图4-2-9

图4-2-10

2.2　成衣实践操作：面料裁剪→手绘图案→工艺缝制→半成品手工制作→材料塑型

根据坯样进行正式面料的裁剪，较容易把握服装各部件的尺寸，注意左右衣片的裁剪、小部件的裁剪、装饰部件的裁剪，同时将不同裁片进行简单归类，尤其是需半成品印花、手绘与装饰的裁片单独放置。这阶段的关键点和难点是衣片的手绘纹饰部分，先用铅笔在裁剪好的衣片上面轻轻地画出装饰纹样的轮廓线，再用马克笔或纺织品颜料着色，最后用黑笔钩边，手绘图案的关键是一次成型，因此，难度大，挑战性高，但成品也具唯一性、原创性，见图4-2-10所示手绘衣片纹饰。

2.3　后期手工制作与配饰搭配：后期手工与整理→服饰搭配→成品。

缝制基本操作和方法与成衣制作相似，完成衣服的半成品制作后，手工缝制亮片、串珠，及其他装饰小件，见图4-2-11所示缝制亮片与串珠，接着将鱼骨穿入袖缝成型，见图4-2-12所示穿入鱼骨塑型，成衣制作完成后，最后是整体服饰

图4-2-11

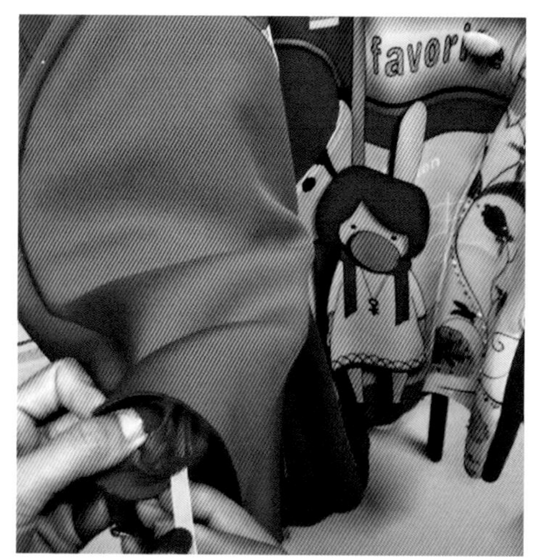

图4-2-12

的搭配与组合，见图4-2-13所示成衣正反面展示效果。

二、高级成衣的结构解析

1. 高级成衣的款式分解

《坚韧的优雅》系列高级成衣设计是以建筑风格为灵感，将都市建筑中耸立的轮廓、流畅的曲线与建筑的三维立体空间融入设计理念，充分体现出现代都市女性时尚优雅的气质。硬朗富有美感的线条和突出的结构线是本系列设计的主要特征，它不仅能让人从造型上感觉出具有硬朗简洁的建筑感，从款式上也能让人感觉出线条流畅富有骨感的结构美。

《坚韧的优雅》款式造型分析：在廓型设计中，以简洁流畅的建筑廓型进行款式设计，将建筑流畅的轮廓线与人体曲线相结合，以硬朗的毛呢面料与富有垂感的丝质面料相结合，结构设计上采用立体裁剪与平面制板相结合的塑型方法，面料再造设计上采用压褶、填充等塑型手法，给

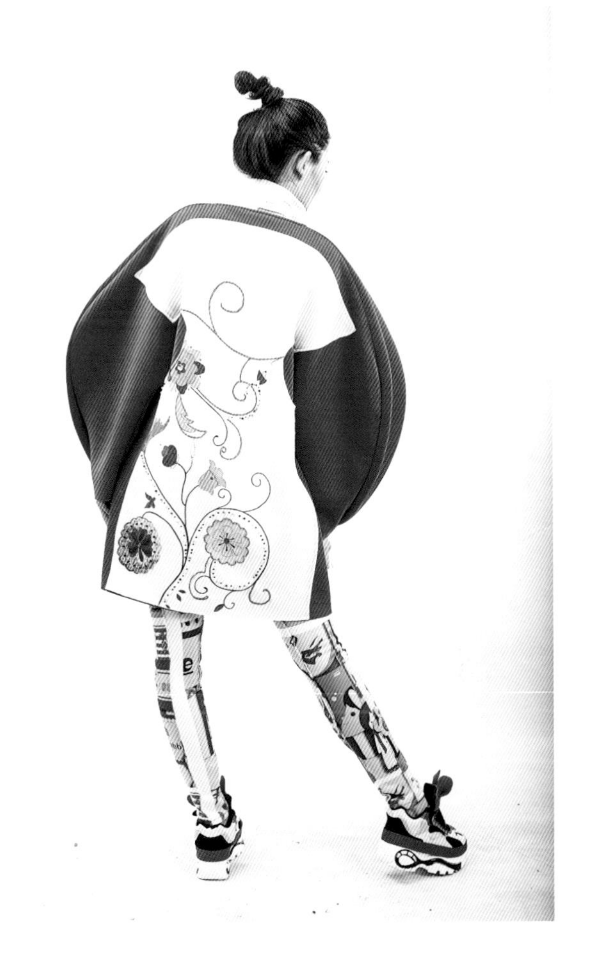

图4-2-13

人以动静相结合的感觉。将建筑的轮廓、耸立的结构和不对称的装饰等元素融合到现代高级成衣女装设计中，见图4-2-14所示款式结构示意图。色彩上采用典雅的高级灰，材料上使用毛呢与经丝绉进行面料再造设计来表达建筑的立体空间效果，塑造出服装的建筑感。借鉴现代建筑的简约与时尚造型风格，展现都市女性坚韧而又优雅的魅力。

具体的款式结构分析：依次从左至右，见图4-2-15所示系列成衣效果图。

图4-2-15第一款是A字型成衣女装，上装是简洁大方的短外套，下身是蓬松感的A字裙，服装整体优雅时尚。此款设计点主要运用结构分割的方式，将服装的肩部、下摆处、腰部用流畅的曲线进行分割与组合，下摆的立体曲线设计更具建筑的造型特色，着重体现出现代女性坚韧而又优雅的个性。

图4-2-15第二款是H型成衣女装，采用现代感极强的成衣设计，廓型搭配面料再造的雪纺套装，上衣款式简洁大方具有现代感。套装的面料再造增强了高级成衣女装细节设计的可视性，面料在造手法采用建筑内部的框架结构为灵感，将平面转化为立体效果，让款式更贴近主题。

图4-2-15第三款是不对称的成衣女装，采用不对称的上装与低腰九分裤组合搭配。上装

图4-2-14

图4-2-15

领部、袖管采用立体的塑型方式，使服装更具有建筑的特色，领部用黑色皮革面料进行拼接，与毛呢形成材质对比。裤装采用直线分割的手法结合面料再造设计，使此款服装更具有时尚干练的感觉。

图4-2-15第四款是沙漏型成衣女装，运用流畅的曲线进行结构设计，服装比例协调，通过强调腰部突出圆润的肩部与臀部。此款重点表达侧缝线条贴合人体的曲线，使整套服装线条流畅而优美，但不对称领型的立体设计又彰显了女性的羁傲不逊。

2. 高级成衣的设计实践与工艺解析

2.1　坯布廓型的设计与实践

高级成衣女装采用新原型制图法，结合立体造型与平面裁剪进行设计，成衣女装与建筑廓型相结合，搭配经丝绉长裙，上衣的款式与廓型要求较高，局部设计符合建筑廓型的效果。上衣部分的结构线与人体曲线的空间关系是难点，要不断的进行尝试与实验，反复的修改服装与人体之间的结构线条、内微空间的舒适性，以及成衣女装领子的立体不对称效果。

沙漏型成衣女装的制作细节重点是连体式立领与领口的细节处理，纵向分割线拼接处理，以及腰臀收放的细节处理。在人台上运用立体裁剪的方式，注重曲线结构设计的流畅，收细腰部突出肩部与臀部，重点展现服装廓型线条的优雅与美观，见图4-2-16所示连体立领与衣身的细节处理。

领局部的立体不对称设计，具有一定的难度，需要与立体裁剪相结合，反复在人台上进行坯布实验，最终再转化为平面设计，才能得

图4-2-16

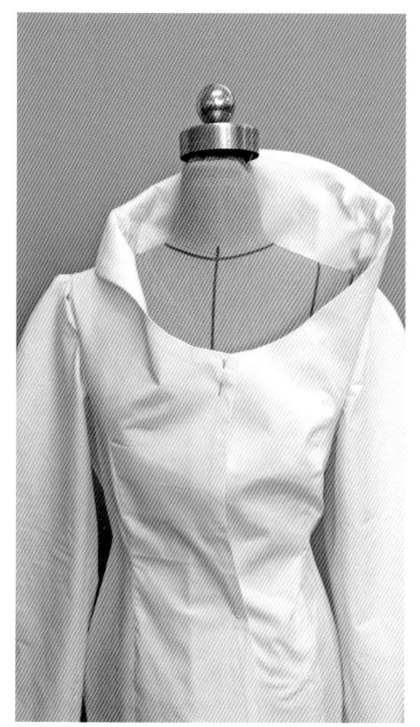
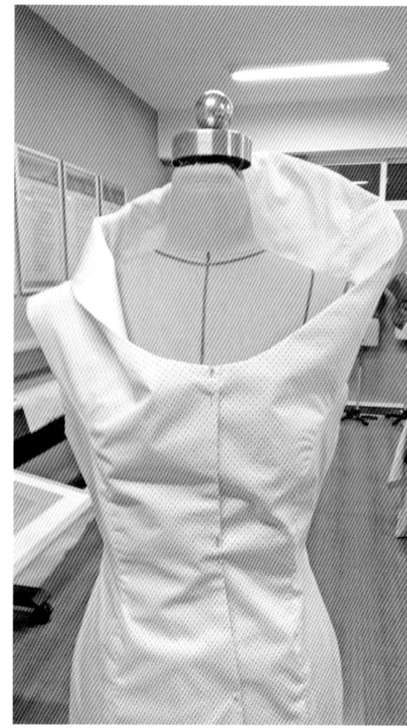

图4-2-17

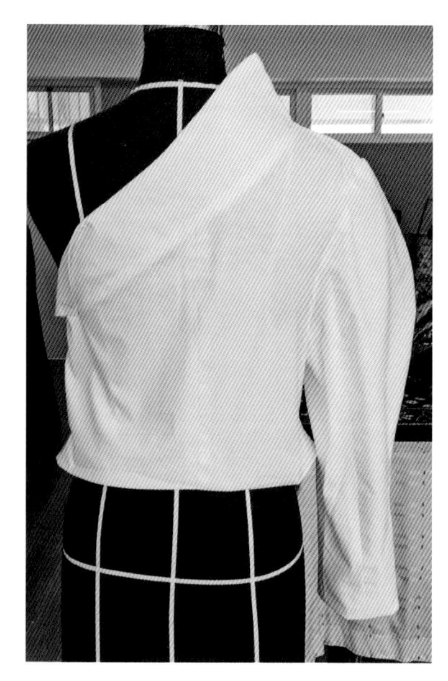
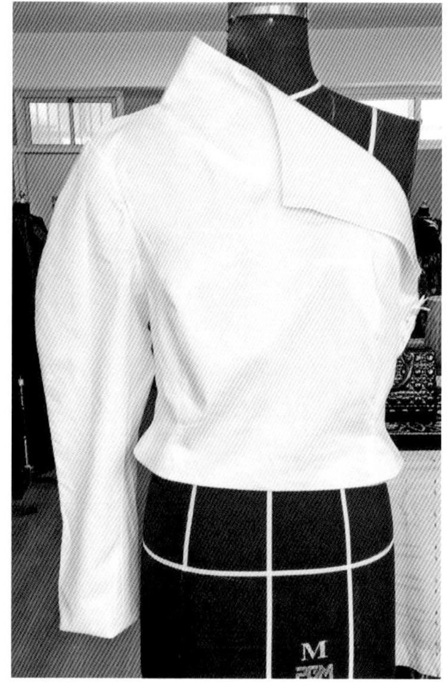

图4-2-18

到理想的效果。线条是领部的最关键结构难点，需要与设计款式图同时完成，最终才能达到要求的效果，见图4-2-17所示领子的细节处理。

图4-2-18所示款局部极富有建筑轮廓的气球状袖管，在结构上运用分割的手法，来达到立体的效果，流畅的线条使袖管的曲线更加优美，气球状袖型的细节处理见图4-2-18。

2.2　纸样的设计实践与裁剪细节

服装制板与立体造型，每个过程要非常的谨慎，尤其是上装的立体不对称设计，从领部、袖管、侧缝、背部的曲线都要经过精心的设计与制作，在制作过程中需要注意领型与袖型的立体效果，侧缝与背部的曲线，服装整体的比例关系，以及下身长裙的褶皱数量，侧重在服装整体效果上下功夫。

高级成衣女上装的尺寸要把握得非常准确，达到合体修身的效果，其中上装部分的曲线是难点，曲线要贴合人体的线条，需通过平面制图与立体裁剪两者之间不断的进行修改与尝试，然后形成具有建筑轮廓的结构款式。服装纸样与立体造型相结合具有一定的难点，必须要根据立体造型效果转化为平面效果，不断反复地进行立体转化与平面转化，最终才能达到完美的造型，见图4-2-19所示成衣的纸样图。

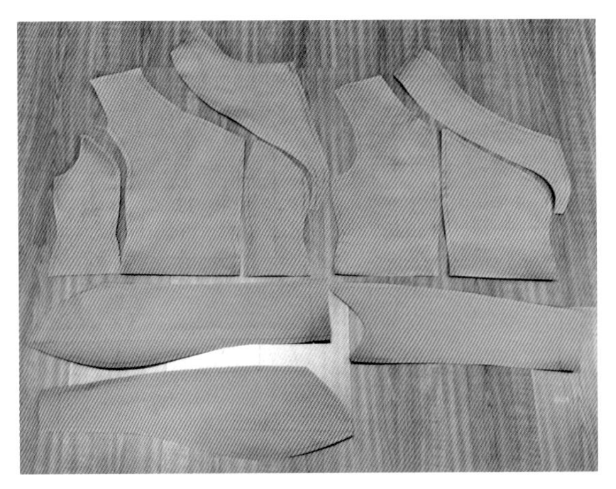

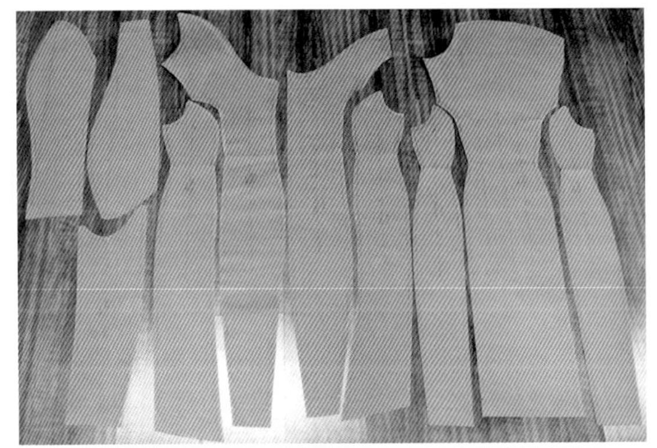

图4-2-19

高级成衣女上装的侧缝曲线与服装的比例关系是难点，因为人体的曲线各不相同，人体的比例关系也有所差异，所以在服装结构设计方面要根据模特的标准体型来进行结构设计，而侧缝的曲线要想达到与人体的曲线完全吻合，需要进行不断的尝试与实验，服装纸样也要根据人体的曲线不断修改，从而达到与人体曲线完美的吻合。

高级成衣女装的比例关系要根据模特的高矮与胖瘦来设置比例，依据服装的款式与人体的比例来进行结构分解，在设计结构时要考虑人体的比例关系，用长与短的比例线条关系来表达服装的优美形态，服装纸样要经过不断的修改与调整，最终才能取得合体、优美的服装板型，见图4-2-20所示面料裁剪图。

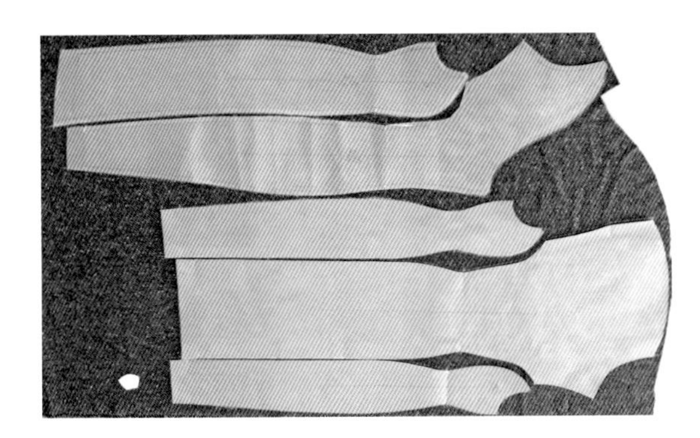

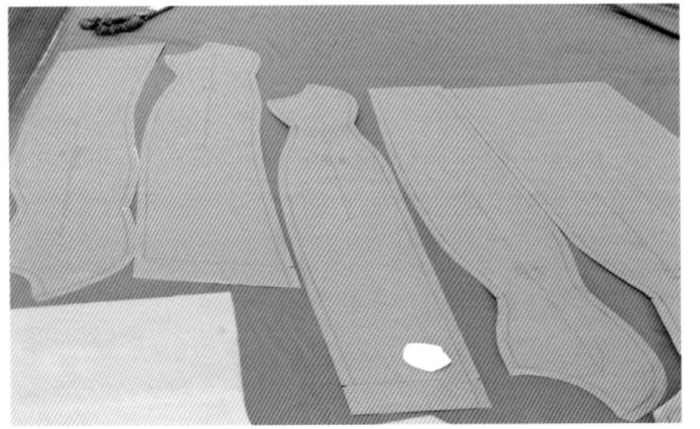

图4-2-20

3. 高级成衣的细节制作技巧和方法

工艺制作是高级成衣女装中最重要的组成部分，它对每一根线的走势、每个细节的制作要求都很高，如果没有掌握高超的缝制技术，是很难

图4-2-21

达到高级成衣的要求。成衣女装在工艺制作要求上是各不相同的，手工缝制在高级成衣中是重要的缝制手法，因为手工缝制会使线条更加自然与流畅。同时在工艺制作上运用抽褶、折叠、镶嵌等手法，分析并解决了一些工艺技术上的难题。

3.1 工艺制作说明

高级成衣女装重点表达与体现之一是工艺制作。图4-2-21所示款细节设计特点：运用手工制作的金色皮质腰带，给整个服装款式起画龙点睛之作，使其款式更加整体、和谐；面料再造的运用、细带的设计、丝质面料与毛呢的结合等，打破了毛呢的沉闷感，让厚重的毛呢面料更有透气性，也给服装带来节奏感。为了达到高级成衣效果，需花费大量的时间不断去尝试，对工艺的每个步骤都要用心去表达，每个细节都要做到完美，这也是《坚韧的优雅》系列高级成衣设计的闪亮之处，见图4-2-21所示不同材质对比的展示效果。

在制作成衣时就要将服装的款式结构细节表达出来，每个细节都能清晰地达到高级成衣女装的精致要求。如图4-2-22因为款式的不对称设计，使得结构也变得较为繁琐，所以在制作时要注意左右结构的缝制，防止一顺的出现。由于毛呢面料密度低、较柔软，所以要在面料反面烫一层黏合衬来加大面料的密度，使面料达到很好的塑形效果，但黏合衬要烫平服、牢固，防止起泡、脱落；在缝制时，面料容易拉伸，因此在制作过程中需不间断地整理面料；熨烫时，由于面料的厚度加大，较难熨烫，需经过几次反复熨烫才能将面料熨烫成形，由此加大了缝制工序的难度，见图4-2-22所示成衣局部的工艺细节。

3.2 细节制作技巧

首先选择灰色毛呢面料，因为灰色给人安静与沉稳的感觉，加上灰色毛呢面料上有金丝线，

图4-2-22

使面料丰富而独特，见图4-2-23所示结构分割线中的金丝嵌条工艺。此面料的厚度与质感主要适用于高级成衣女装廓型制作，因为面料的密度较松散，在制作时立体的效果体现比较困难，所以在面料裁剪完成之后要在面料上烫一层厚衬，来增加面料的厚度，使面料具有一定的塑形效果，见图4-2-24所示成衣展示效果。

其次，上装前片的侧片与中片拼接比较困难，因为上装两片侧片结构线缝合处装饰有一块金色皮革面料，目的是为了强调服装的结构线。由于不能直接缉明线，所以在工艺上又增加了制作难度，制作时不能将缉线踩歪，使皮革的宽度不均匀，需有熟练的工艺技术才能完成。皮革面料与毛呢面料是差异较大的材质，两块面料由于其弹性质地、厚度的不同，在缝合时会出现偏差，所以在缝制过程中要不断进行调整两者之间的长度，使衣片拼接的误差降到最低，见图4-2-25和图4-2-26所示工艺制作细节。

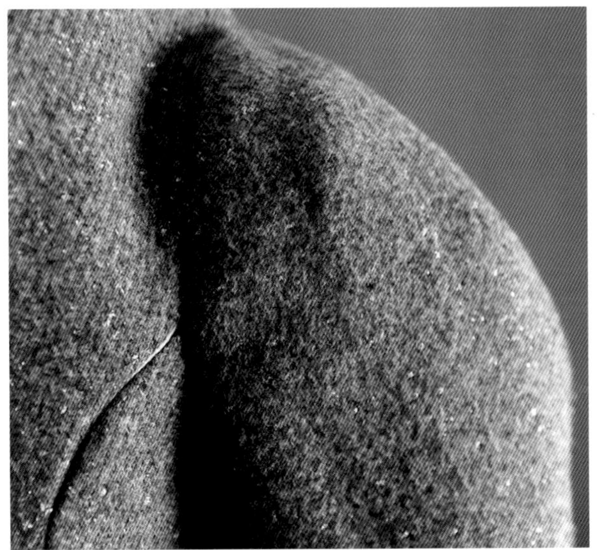

图4-2-23

图4-2-24

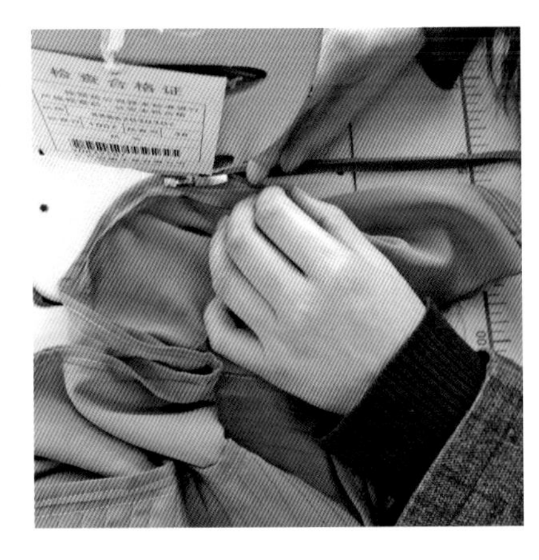

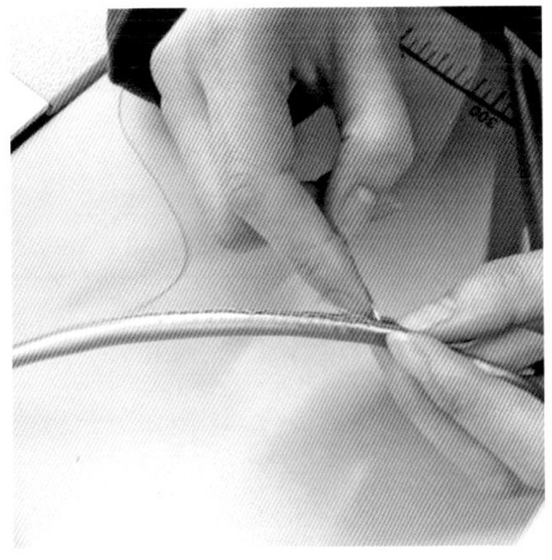

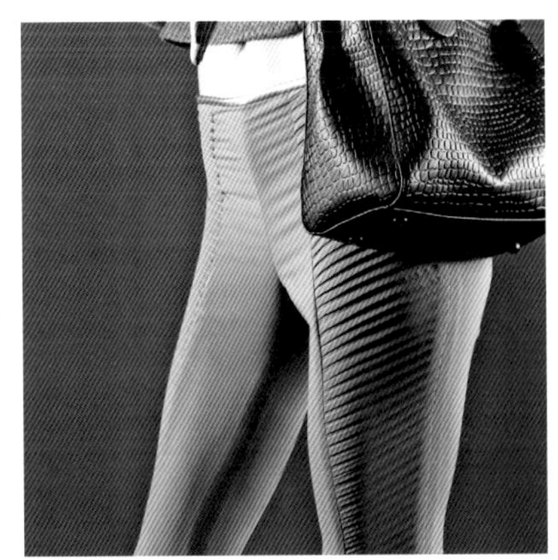

图4-2-25

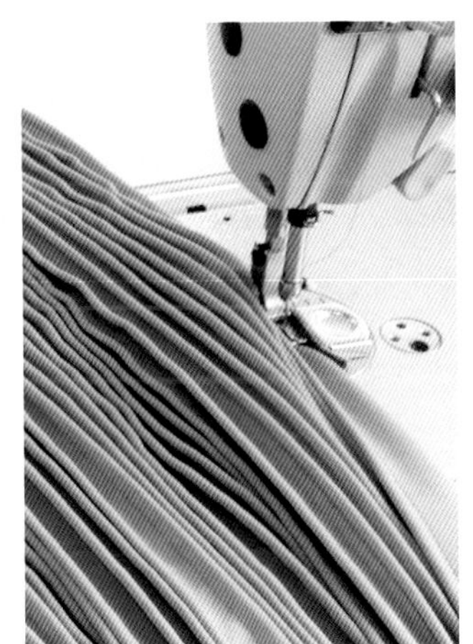

图4-2-26

最后，在制作丝绉面料的裙装、裤装时，因其轻薄有光泽的特点，在设计时需考虑怎样才能融入到厚重的毛呢款式中。经过多次制作尝试，决定采用折叠的方法来改变面料的特性，用欧根纱、网纱放在经丝绉面料下面，使面料具有蓬松感。具体操作时采用折叠的方式，直接在人台上耐心将大小褶子间折叠均匀，达到整齐统一的视觉效果，见图4-2-27所示高级成衣的整体着装效果。

三、女装礼服的结构解析

1. 女装礼服的款式分解

《暗香·梦萦》透过特殊的盘花面料、鱼鳞般的光泽及精致的滚边，以独特别致的造型演绎出高贵的气质。通过精致的结构分割将服装直接带入梦幻、优雅的境界。

作品中偶尔的玫红，微亮的银光，堆砌的玫瑰以及随着光线变动色彩的双色梭织面料，让贵族式的优雅露出骨髓中的美，见图4-2-28和图4-2-29所示款式结构的细节设计图。

2. 礼服的制作细节与工艺解析

2.1　坯布与纸样的调整

一把尺、一支铅笔、几张纸和几米白坯布就可以完成结构的设计了，设计师通过精准的测量、精确的计算和清晰的符号标注，在人台上通过立体裁剪的方法，用坯布完成服装基础造型的结构

图4-2-27

0.6cm滚边
明
透面绣花面料
灰色
绣花面料
正
反
0.6cm止口反吐
玫红色
灰色6cm
腰带.
前、后各一个蝴蝶结.
(一面为灰色，一面为玫红色
折叠后形成双色效果)
0.8cm玫红色止口反吐
灰色蝴蝶结.

图4-2-28

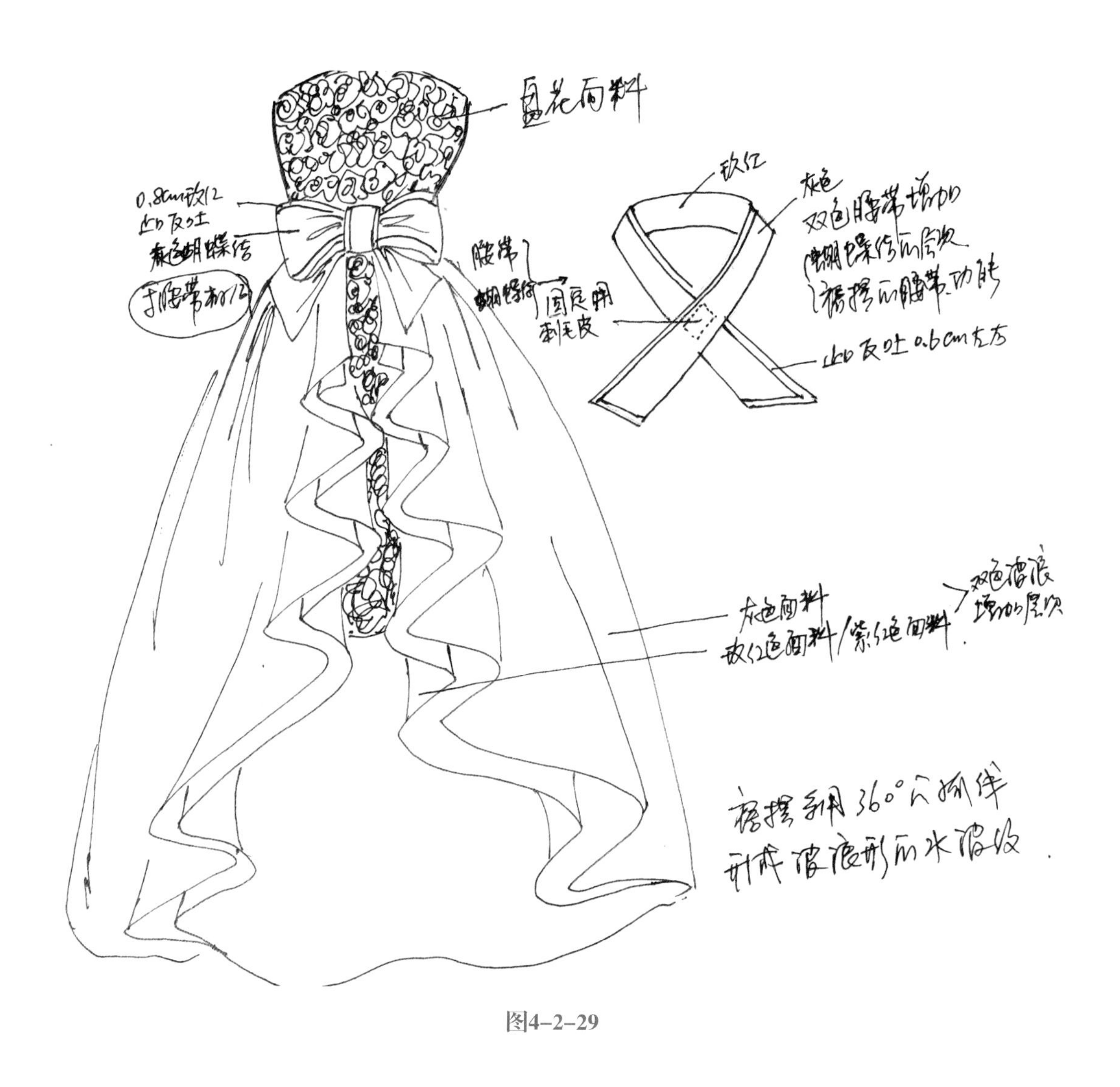

图4-2-29

设计，在不断地调整和修改中完成坯布裁片，再拓成纸样后在面料上裁剪，见图4-2-30所示坯布的立体塑型与裁剪。

2.2　裁片的梳理与整理

在完成裁剪的基础上，必须重新用纸样或坯布检查裁片上立体装饰花卉的位置，裁片分割线的曲线，以及左右裁片的准确性，见图4-2-31所示检查裁片的准确性和图4-2-32所示检查配料的色彩、数量。

2.3　缝制部位的标记

接着在省道、对合、拼接等重要部位用划粉、消失笔、锥子等工具在裁片上做上标记，由于材料的特殊性，加大了服装前期准备的工作量，设计师必须头脑清晰，制作技术熟练，技艺精湛，才能保质保量地完成女装的成品制作，见图4-2-33所示标注重要部位的省道。

2.4　缝制细节的操作

缝制是一门手工活，需要根据书本、现场指导或影像资料慢慢实践操作与学习，精湛的技艺是长年累月苦练的结果，没有捷径可以走，所以必须反复练习，才知道如何选择针线，如何有效地使用工具，并通过机器或手工来完成组合。本案例女装的重点在工艺细节的制作上，将两肩的

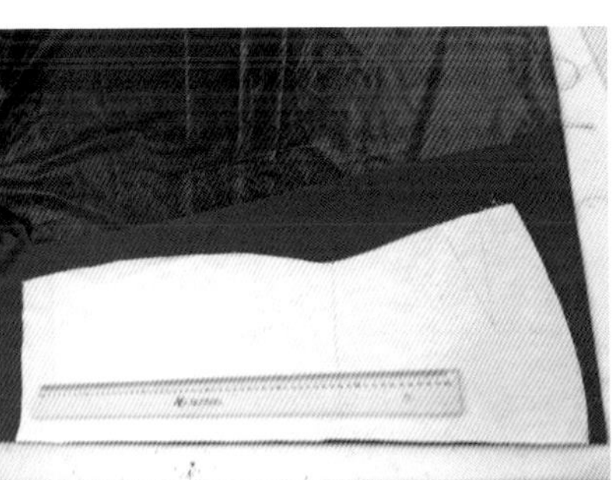

图4-2-30

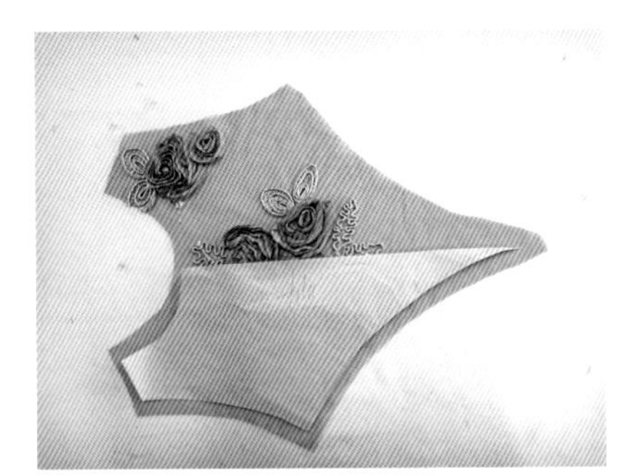
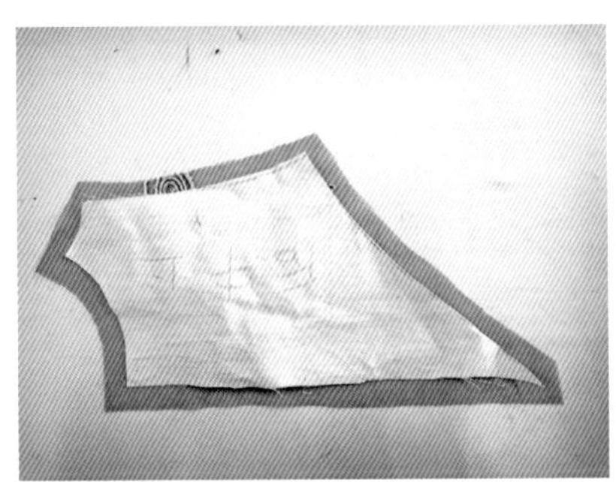

图4-2-31

图4-2-32

图4-2-33

毛缝采用包边做光的方式，完成肩缝的包光并熨烫平整，见图4-2-34所示肩部细节的处理。

接着是领口的细节处理，同样采用滚边扣烫包光的方式，先完成领口弧线的单程缉线，并修剪多余的毛缝至0.6cm，见图4-2-35所示修劈领口弧线。然后再复合领口滚边时将钮按放入领口止口处，注意缉线的圆顺和流畅，见图4-2-36所示领口钮按的细节处理。

完成部件的制作后，根据款式特点将不同材质的面料正面相对，检查上下分割线的弧线是否一样长短，并压缉1.0cm的缝份，完成上下分割线的拼接，见图4-2-37所示半成品服装的展示效果。

最后是裙裾的处理，一种是充分利用面料正反不同的对比色，三卷0.6cm以后形成色彩的撞色效果，见图4-2-38所示裙裾边的细节处理。二是根据不同的材料，进行分层分段的拼接，充分运用不同材质的肌理、色彩，通过色彩面积的大小分割，产生强烈的视觉冲击，见图4-2-39所示裙裾的细节处理及图4-2-40所示礼服的综合创意设计展示效果。

图4-2-34

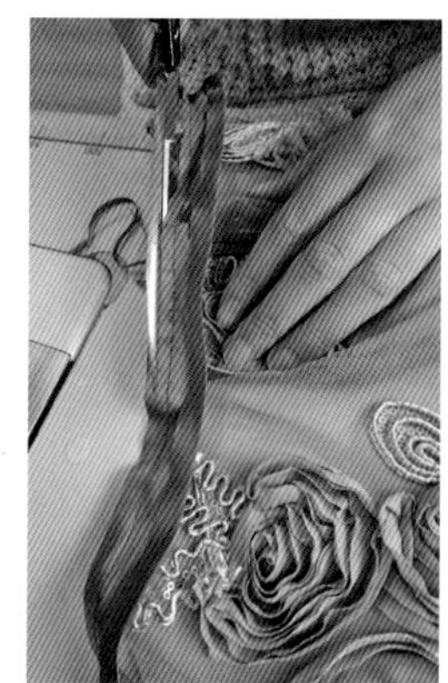

图4-2-35

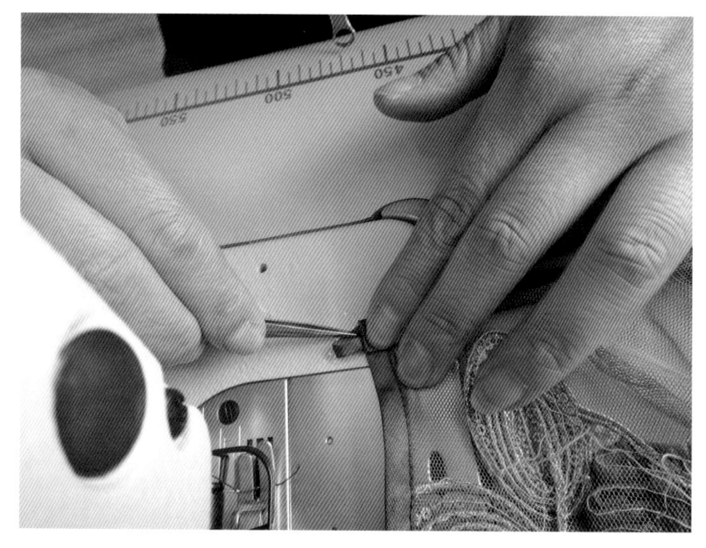

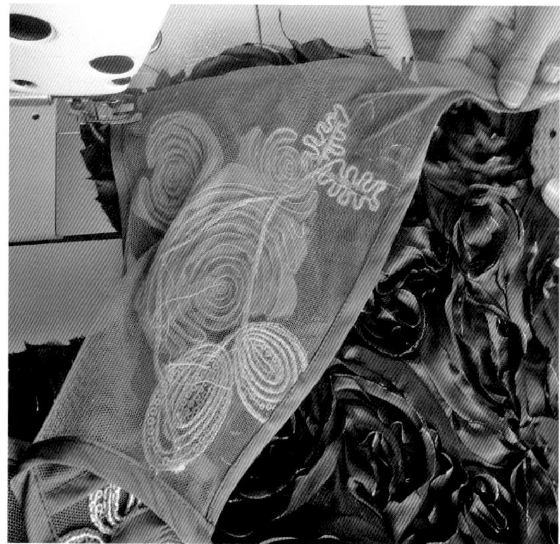

图4-2-36

图4-2-37

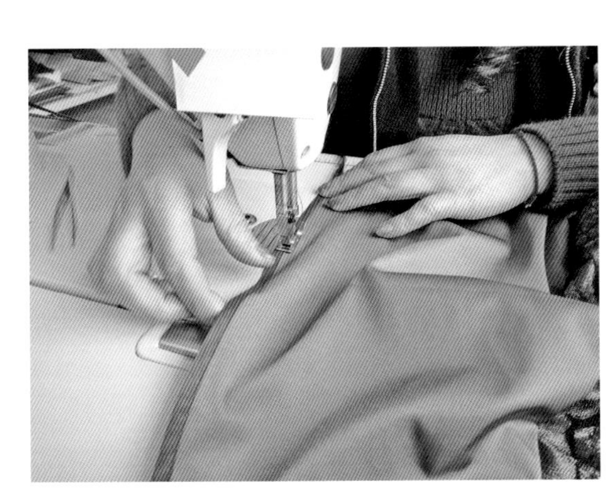
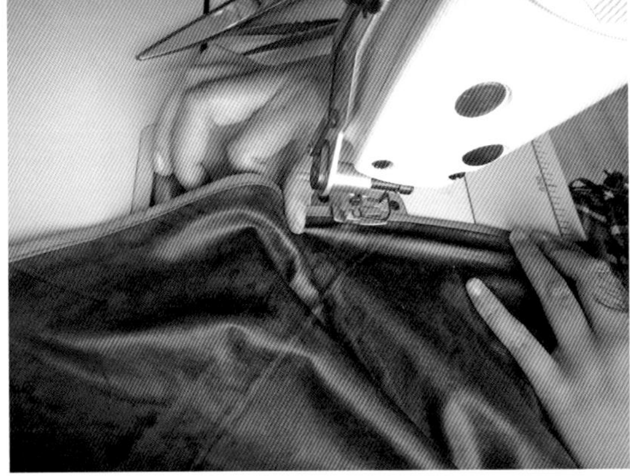

图4-2-38

图4-2-39

暗香
棠
梦
总弥 香 奇 香
袅袅 沉
看不清
青烟的那头 蠢动的 儿
还是你
只隐隐记得
悠悠的
淡淡的
分不清是
还是颜色
本系列设计作品以“梦”为总主题，以衣寄情、 痴、由痴成梦的设计灵感，透过特殊的盘花面料、 的光泽及精致的滚边，以独特别致的造型演绎出高贵的 。通过用紫色的基调和精致的结构分割将服装直接带 优雅的境界。
坠入梦幻的精灵，以无尽的奇妙和愉悦，将优 娇矜性感的复古浪漫主义与现代设计理念完美融合 来神秘古典的贵族风华气质。作品中偶尔的玫红、 光、堆砌的玫瑰以及随着光线变动色彩的双色梭织 贵族式的优雅露出骨髓中的美。

图4-2-40

参考文献

[1] 刘瑞璞，陈静洁.中华民族服饰结构图考[M].北京：中国纺织出版社，2013.

[2] 刘元凤.服装设计学[M].北京：高等教育出版社，2006.

[3] （奥地利）夏洛特·泽林（Charlotte Seeling），时尚[M].周馨，译.北京：人民邮电出版社，2013.

[4] Melissa Leventon. Artwear: Fashion and Anti-fashion[M]. Thames&Hudson, 2006.

[5] Kyoto Costume Institute. LA MODE[M].TASCHEN,2004

[6] （美）安娜·科博，国际时装设计与表达[M]何宁，乔丹，译.上海：东华大学出版社，2015.

[7] 罗玛.开花的身体：服装的罗曼史[M].上海：上海社会科学院出版社，2006.

[8] （美）杰伊·卡尔德林，时装设计1000个创意关键词[M]曹帅，译.北京：中国青年出版社，2012.

[9] 胡讯，须秋洁，陶宁.女装设计[M].上海：东华大学出版社，2016.

[10] （英）伯格（Bergh.R）.名牌时装缝制秘诀[M].李林彤，高末译.上海：上海远东出版社.2000.

[11] 哈瑞特·沃斯利，时尚传奇[M].刘婧怡，译.北京：中国青年出版社，2011.

[12] 韩阳.卖场陈列设计[M].北京：中国纺织出版社,2006.

[13] （美）杰伊·卡尔德林.时装设计[M].北京：中国青年出版社，2012.

[14] 单文霞.童装造型与制作技术[M].上海：东华大学出版社，2015.

[15] 郑健.服装设计学[M].北京：中国纺织出版社，1999.

[16] 编辑部.技术美学[M].安徽：安徽科学技术出版社，1983.

后　记

古往今来，大千世界，我们所看到的、所接触的、所使用的物品，无一例外都留下了人类有意识或无意识的设计印痕，体现出人类自身在社会发展进程中的喜怒哀乐、精神文明、设计创造。就象古希腊哲人所言："人是万物的尺度"，卡尔·马克思也曾说："人按照自己的尺度，也就是美的尺度来创造"，这个美的尺度，说到底就是一种人的设计创造。

服装设计是一门将科学技术和文化艺术相结合的学科，它吸收了科技、文化、艺术和经济的成果，涉及美学、纺织工程学、人体工学、经济学等广泛的学科领域，其中艺术与技术是服装设计相辅相存的两大支柱，技术为艺术增添活力，艺术赋予技术以灵魂。现代服装设计不能简单地像技术创造那样只服从自然科学的客观法则，也不能类同艺术创造那样主观地发挥，而应该将两者有机的结合，使服装设计的审美价值在功能的完善之中，实现功能与形式的完美统一。因此，服装设计的直接目的是设计出市场适销、用户满意的产品，借以提高产品的附加价值，降低企业经营成本，增加企业经济效益。而从根本上来说，作为"人—产品—环境—社会"的中介，服装设计是以人的需求为起点，以形形色色的产品为载体，借助现代工业生产的技术与力量，全面参与并深刻影响着人们的方方面面。换而言之，服装设计的真正目的是发现以改善人类的生存环境和提高人类的生活质量作为根本，创造出人类真正需要的、功能完美的着装环境。

书中以图文结合、理实结合的形式，全面展现女装服饰的造型设计和制作技术。全书共分四章，第一章变化多端的女装造型设计，分为三个主题。一是着重从时尚女装的外观造型、内微结构来阐述女装的整体搭配设计；二是着重阐述了成衣女装的设计规律；三是通过实践案例，分析创意女装的设计、定位和实施步骤，着重论述了女装的设计表现。第二章在女衬衫的设计与制作技巧章节中，图文并茂再现了变款女衬衫的基本组合缝制技术及后整理技术。第三章女裙的设计与制作技术中，有针对性从女裙的设计到实践操作的全过程，阐述了变款不对称女裙的制作技巧。第四章时装的创意设计与制作技术中，通过日常休闲女装、高级成衣、礼服的三大类实操案例分析，采用层层推进的方式，着重介绍了女装的设计创作、缝制工艺和细节技术，是一本内容详实、数据精确、操作简便而实用的专业性书籍。

书稿撰写过程中，感谢江苏理工学院张义芳老师和陈琳、张敏、李艳秋三位同学提供的案例作品，以及服装设计专业凌童、丁继思等同学的实践操作示范，在此表示衷心地感谢！尤其感谢东华大学出版社编辑的大力支持和帮助，为本书提出诸多宝贵意见。

本书是一本关于女装造型设计、设计表现、制作技术以及实践操作技能的服装类专业书籍，是作者二十多年服装企业的实践经验与高校服装专业设计教育成果的总结，具有一定的理论和实践指导意义，期盼能给服装界、设计教育界的各位同仁和广大服装爱好者带来有益帮助。本书难免存在不足之处，敬请各位读者提出宝贵意见！书中图片大多为作者自身设计实践成果，还有极少部分图片未标出处，请与作者联系，在此一并表示感谢！

昨天是为了今天，今天是为了明天，了解过去，才能创造今天，才能展望未来。中国人以特有的体形和性格特征体现着东方民族的魅力，服饰创新的基础立足于本民族这个根本，而在继承传统的道路上对传统的再发现，则是当代设计师不可推卸的责任。为了创新必须继承，为了继承必须学习，为了提高就应不断创新。

单文霞

2017年10月20日写于龙城荆川